施工现场十大员技术管理手册

现场电工

（第三版）

主编　刘　迪

中国建筑工业出版社

图书在版编目（CIP）数据

现场电工/刘迪主编. —3版. —北京：中国建筑工业出版社，2016.1

（施工现场十大员技术管理手册）

ISBN 978-7-112-18776-8

Ⅰ.①现… Ⅱ.①刘… Ⅲ.①施工现场-电工-技术手册 Ⅳ.①TU85-62

中国版本图书馆CIP数据核字（2015）第284607号

施工现场十大员技术管理手册

现 场 电 工

（第三版）

主编 刘 迪

*

中国建筑工业出版社出版、发行（北京西郊百万庄）

各地新华书店、建筑书店经销

霸州市顺浩图文科技发展有限公司制版

北京云浩印刷有限责任公司印刷

*

开本：850×1168毫米 1/32 印张：6⅝ 字数：175千字

2016年5月第三版 2016年5月第十八次印刷

定价：**18.00**元

ISBN 978-7-112-18776-8

（28059）

版权所有 翻印必究

如有印装质量问题，可寄本社退换

（邮政编码 100037）

本书介绍施工现场电工的工作职责和应掌握的基本技能。这次修订根据近几年新颁布的有关标准、规范，对第二版内容进行修改补充。主要内容包括：施工用电和现场照明的基础知识，防雷、防火和安全用电知识以及触电现场的急救知识等，附录中还列入许多用电技术数据和图表。本书内容实用，由浅入深，适合现场电工学习选用。

* * *

责任编辑：郦锁林　王　治
责任校对：刘　钰　姜小莲

《施工现场十大员技术管理手册》（第三版）
编 委 会

主　　任：黄忠辉
副 主 任：姜　敏　潘延平　薛　强
编　　委：张国琮　张常庆　辛达帆　金磊铭
　　　　　邱　震　叶佰铭　陈　兆　韩佳燕

本书编委会

主编单位：上海市建筑施工行业协会工程质量安全专业委员会
主　　编：刘　迪
主　　审：姜　敏　潘　平
编写人员：戚耀奇　徐福康　张嘉洁　肖放初
　　　　　范　波　刘　迪　陆荣根　李方元

第三版前言

《施工现场十大员技术管理手册》（第三版）是在中国建筑工业出版社2001年发行的十大员丛书第二版的基础上修订而成，覆盖了施工现场项目第一线的技术管理关键岗位人员的技术、业务与管理基本理论知识与实践适用技巧。本套丛书在保留原丛书内容贴近施工现场实际，简洁、朴实、易学、易掌握需求的同时，融入了近年来建筑与市政工程规模日益高、大、深、新、重发展的趋势，充实了近段时期涌现的新结构、新材料、新工艺、新设备及绿色施工的精华，并力求与国际建设工程现代化管理实务接轨。因此，本套丛书具有新时代技术管理知识升级创新的特点，更适合新一代知识型专业管理人员的使用，其出版将促进我国建设项目有序、高效和高质量的实施，全面提升我国建筑与市政工程现场管理的水平。

本套丛书中的十大员，包括：施工员、质量员、造价员、材料员、安全员、试验员、测量员、机械员、资料员、现场电工。系统介绍了施工现场各类专业管理人员的职责范围，必须遵循的国家新颁发的相关法律法规、标准规范及政府管理性文件，专业管理的基本内容分类及基础理论，工作运作程序、方法与要点，专业管理涉及的新技术、新管理、新要求及重要常用表式。各大员专业丛书表述通俗，简明易懂，实现了现场技术的实际操作性与管理系统性的融合及专业人员应知应会与能用善用的要求。

本套丛书为建筑与市政工程施工现场技术专业管理人员提供了操作性指导文本，并可用于施工现场一线各类技术工种操作人员的业务培训教材；既可作为高等专业学校及建筑施工技术管理职业培训机构的教材，也可作为建筑施工科研单位、政府建筑业管理部门与监督机构及相关技术管理咨询中介机构专业技术管理人员的参考书。

本套丛书在修订过程中得到了上海市住房和城乡建设与管理委员会、上海市建设工程安全质量监督总站、上海市建筑施工行业协会与其他相关协会的指导，上海地区一批高水平且具有丰富实际经验的专家与行家参与丛书的编写活动。丛书各分册的作者耗费了大量的心血与精力，在此谨向本套丛书修订过程的指导者和参与者表示衷心感谢。

由于我国建筑与市政工程建设创新趋势迅猛，各类技术管理知识日新月异，因此本套丛书难免有不妥与不当之处，敬请广大读者批评指正，以便在今后修订中更趋完善。

愿《施工现场十大员技术管理手册》（第三版）为建筑业工程质量整治两年行动的实施，建筑与市政工程施工现场技术管理的全方位提升作出贡献。

目　录

1　施工现场用电安全概述

1.1 电的作用和特点

1.1.1　电的作用

100多年来，电能的运用不断普及，到了21世纪的今天，电能已经深入到人类生活的各个领域，成为国民经济的命脉。然而客观世界的事物都具有两重性，即存在着对人类有利的一面，也存在着不利的一面，电能也不例外，它在促进工农业生产、给人类带来幸福生活的同时，使用不当也会给人类带来一定的危害。关键在于人们掌握电这一客观事物的性能及其运行规律的程度。

1.1.2　用电安全的重要性

电有以下特点：

（1）电的传递速度特别快（3×10^5km/s）。

（2）电的形态特殊，只能用仪表才可测得电流、电压和波形等，但看不见、听不见、闻不着、摸不得。

（3）电的能量转换方式简单，电能可以及时转化为光能、热能、磁能、化学能、机械能等多种形式。

（4）电的网络性强，电力系统是由发电厂、电力网和用电设备组成的一个统一整体。其发电、供电都在一瞬间完成，如果局部发生故障就会波及整个电网。

由于发电、供电和用电有着同时进行的特殊性，在安装、检修和使用电气设备过程中，如果考虑不周或操作不当，往往容易引起人员伤亡、设备损坏，形成火灾、爆炸等电气事故，甚至造成大面积停电而影响生产、生活和社会秩序等严重后果。所以，要认识到用电安全是关系到人命关天的大事，是保证生产、生活、社会活动顺利进行的重要环节，因此要积极开展用电安全的宣传和教育，为防止各类电气事故的发生。

1.2　施工现场用电特点及安全用电的重要性

随着社会的进步，建筑业的迅猛发展，在建筑施工现场，电能是不可缺少的主要能源。施工用电、各种电气装置、建筑机械等日益增多，而施工现场用电的临时性和环境的特殊性、复杂性，使得众多的电气设备和用电设备的工作条件相应变坏，从而导致用电事故的发生概率增高，特别是因漏电而引起人身触电伤害事故的概率也随之增加。

近年来，随着电气设备和用电设备技术的不断发展，施工中发生的触电事故比例较从前下降，但施工现场季节性的用电安全问题显得更加突出和重要，特别是夏季施工触电事故发生比例仍较大。

那么施工现场用电有哪些特点呢?

从广义上讲，每个施工现场就是一个工厂，它的产品是一个建筑或构筑物。但是它又与一般的工业产品不同，具有如下的特殊性：

(1) 没有通常意义上的厂房，所设的电气工程明显带有临时性，露天作业多；

(2) 工作条件受地理位置和气候条件制约多，真可谓千差万别；

(3) 施工机械具有相当大的周转性和移动性，尤其是用电施工机具有着较大的共用性；

(4) 施工现场的环境比工厂恶劣，电气装置、配电线路、用电设备等易受风沙、雨雪、雷电、水溅、污染和腐蚀介质的侵害，极易发生意外机械损伤，绝缘损坏并导致漏电；

(5) 施工现场是多工种交叉作业的场所，非电气专业人员使用电气设备相当普遍，而这些人员的安全用电知识和技能水平又相对偏低。因此，人体触电伤害事故较之其他场所更易发生。

综上所述，搞好施工现场安全用电是一项十分重要的工作。

为了有效地防止施工现场各种意外的触电伤害事故，保障人身安全，财物安全，首先应当在用电技术上采取完备的、可靠的安全防护措施，严格按2005年修订的《施工现场临时用电安全技术规范》(JGJ 46—2005）要求实施，这是因为该规范就是针对建筑施工现场临时用电工程的技术性安全规范，一个以防止触电伤害为主要宗旨的法定性技术文件。其次，从施工现场多年发生的用电事故分析中，可以看出“安全技术”的实施与“安全管理”的执行必须并举，才能产生最佳效果。实践表明：只有通过严格的“安全管理”才能保证“安全技术”得以严格的贯彻、落实，并发挥其安全保障作用，达到杜绝人身意外触电伤害事故的目的。

1.3 施工现场电气工作人员的基本要求与职责

由于施工现场用电有其特殊性和环境多变以及恶劣性，故对施工现场从事电气工作人员有一系列要求。

施工用电的专业人员是指与施工现场临时用电工程的设计、审核、安装、维修和使用设备等有关的人员。

1.3.1 施工现场电气工作人员的基本要求

(1) 各类电气工作人员必须掌握安全用电的基本知识和所用机械、电气设备的性能，熟悉《施工现场临时用电安全技术规范》(JGJ 46—2005)。

(2) 从事安装、维修或拆除临时用电工程作业人员必须符合安全监管总局令第30号《特种作业人员安全技术培训考核管理规定》中的规定，必须经专门的安全技术培训并考核合格，取得《中华人民共和国特种作业操作证》后，方可上岗作业。

(3) 电工等级应同临时用电工程的技术难易程度和复杂性相

适应。对于需要高等级电工完成的工作不宜指派低等级电工去做。

（4）各类电气工作人员要有“六性”：

1）要树立安全用电的责任性。电气安全直接关系到人员的生命，关系到生产、生活能否正常进行的大问题。每个从事电气工作人员要以高度的安全责任性和对人极端负责的精神，杜绝冒险操作，坚持做到“装得安全，拆得彻底，修得及时，用得正确”。

2）发扬团结互助协作性。电气作业往往是几个人同时进行，或一人作业牵涉到其他人员，这就需要作业人员有较强集体意识、他人意识、团结互助、互相监督、服从统一指挥，防止事故的发生。

3）坚持制度的严肃性。电气安全制度是广大电气作业人员经过长期实践经验的总结，是许多人用生命和血的代价换来的教训，电气作业人员必须老老实实地遵守它，维护它，完善它，同时还要和违反制度的现象作斗争。

4）掌握事故的规律性。触电事故往往是突然发生的，似乎是不可捉摸的。其实触电事故是有一定的规律性的，只要注意各类触电事故发生的特点，分析事故的原因，就可以从中找出季节性、遵章守纪性、安全技术措施缺陷性等规律，不断加以总结，防止同类事故的发生。

5）消除隐患的及时性。消除隐患是用电安全的重要保证。消除隐患要突出一个“勤”字，勤检查、勤保养、勤维修、勤宣传。要主动找问题，主动反映情况，主动协助领导处理问题。对于检查出的用电安全隐患，切实做到“三定”即定人员，定措施，定期限，及时、正确地完成整改工作。

6）掌握技术的主动性。电气操作是一项较为复杂的专门技术，在电气操作时，又会与周围的环境与事物发生密切的联系。作为一个电气作业人员不仅要懂得电气安全知识，还要知道与电气有关的安全知识，比如电气登高作业、防止电气火灾、触电抢救等相关知识。只有在掌握了电气技术专门知识和相关其他知识的基础上，才能在各种复杂的情况下判断和预防事故，即使发生事故也能正确、及时处理事故，真正做到防患于未然。

1.3.2 施工现场电气工作人员的主要职责

（1）编制施工现场临时用电施工组织设计指导安全施工，经相关部门审核及具有法人资格企业的技术负责人批准后实施。

（2）电气安装必须严格按已经批准的临时用电施工组织设计和技术交底实施，杜绝随意性。

（3）维修电气故障时必须严格按安全操作规程作业，必要时应指派相关人员进行现场监护。

（4）定期组织或参加施工现场的电气安全检查活动，发现问题及时解决。

（5）对新安装的电气设备和用电机械要一丝不苟按验收标准进行技术、安全验收。

（6）对使用中的电气设备要按有关技术标准进行定期测定，并做好有关测定记录。

（7）建立健全施工现场临时用电的安全技术档案，档案内容齐全、准确反映施工过程中的用电安全情况。

（8）协助领导或参与事故分析，找出薄弱环节。采取针对性措施，预防同类事故的再次发生。

总之，施工现场的用电安全工作要求每个电气工作人员都能够在电气安全上把好关，守好口，那么施工现场临时用电的安全状况，必将有根本的安全保障。给施工生产、生活带来更大的便利，为社会经济发展及建设事业增添新的光彩。

2 施工现场临时用电应遵循的规范与标准

为了全面认真做好施工现场临时用电安全工作，国家、建设行业对建设工程临时用电制定了国家标准和行业标准，要求施工现场必须按照标准实施，保障人身安全。

2.1 《施工现场临时用电安全技术规范》(JGJ 46—2005)

2.1.1 《施工现场临时用电安全技术规范》(JGJ 46—2005) 的适用范围

《施工现场临时用电安全技术规范》(JGJ 46—2005) 第一章总则第 1.0.2 条规定“本规范适用于新建、改建和扩建的工业与民用建筑和市政基础设施施工现场临时用电工程中的电源中性点直接接地的 220/380V 三相四线制低压电力系统的设计、安装、使用、维修和拆除。”

第 1.0.3 条中强制规定建筑施工现场临时用电工程必须符合下列规定：

(1) 采用三级配电系统；

(2) 采用 TN-S 接零保护系统；

(3) 采用二级漏电保护系统。

对 1kV 及以上的高压变配电工程，应按照国家有关标准、规范执行。

另外，“规范”第 1.0.4 条规定：施工现场临时用电，除应执行本规范的规定外，尚应符合国家现行有关强制性标准的规定。“规范”的修订与施行，就是针对建筑施工现场用电特点，为有效防止各种意外的触电伤害事故，保障人身安全，保证施工生产顺利进行提供了技术保障，对建筑施工现场具有普遍的适用性。

2.1.2 《施工现场临时用电安全技术规范》(JGJ 46—2005)的主要内容

《施工现场临时用电安全技术规范》(JGJ 46—2005) 由中华人民共和国住房和城乡建设部于 2005 年 4 月 15 日颁布，自 2005 年 7 月 1 日起实施。

“规范”的颁布实施，不仅为建筑施工现场临时用电安全管理工作的科学化、规范化提供了法定依据，而且还系统地规定了建筑施工现场临时用电一整套安全技术措施，可以说它是建筑工人用血的教训和生命代价换来的产物。

“规范”共有十章二百五十四条。第一章总则表明了本“规范”制定的目的与适用范围，综合规定了适用范围内的用电系统中所完整体现的三项基本安全技术原则，以及与其他国家标准、规范或规程的关系。

从第三章用电管理开始，“规范”对临时用电管理，外电线路及电气设备防护，接地与防雷、配电室及自备电源，配电线路、配电箱及开关箱、电动建筑机械及手持电动工具、照明等各环节都作了较为详尽的规定。

“规范”着重对用电管理中的主要环节，即编制施工现场临时用电的施工组织设计的重要性和方法作出了明确的规定，体现了“安全技术”与“安全管理”必须同时并重才能产生最佳效果的思想。

2.2 《建筑施工安全检查标准》(JGJ 59—2011)

2.2.1 《建筑施工安全检查标准》(JGJ 59—2011) 的作用

“检查标准”由中华人民共和国住房和城乡建设部于 2011 年 12 月 7 日颁布，2012 年 7 月 1 日正式实施。

“检查标准”采用系统工程学的原理，将施工现场作为一完整的系统，对安全管理、文明施工、脚手架、基坑工程、模板支架、高处作业、施工用电、物料提升与施工升降机、塔吊、起重吊装和施工机具等十个方面，列出十九张检查表，用检查表以衡量评分的方法，为施工现场安全评价提供了直观数字和综合评价的标准。

“检查标准”中将施工现场临时用电内容列为表 B14，《施工用电检查评分表》见表 2-1。

施工用电检查评分表 **表 2-1**

序号	检查项目		扣分标准	应得分数	扣减分数	实得分
1	保证项目	外电防护	外电线路与在建工程及脚手架、起重机械、场内机动车道之间的安全距离不符合规范要求且未采取防护措施，扣 10 分 防护设施未设置明显的警示标志，扣 5 分 防护设施与外电线路的安全距离及搭设方式不符合规范要求，扣 5～10 分 在外电架空线路正下方施工、建造临时设施或堆放材料物品，扣 10 分	10		
2		接地与接零保护系统	施工现场专用的电源中性点直接接地的低压配电系统未采用 TN-S 接零保护系统，扣 20 分 配电系统未采用同一保护系统，扣 20 分 保护零线引出位置不符合规范要求，扣 5～10 分 电气设备未接保护零线，每处扣 2 分 保护零线装设开关、熔断器或通过工作电流，扣 20 分 保护零线材质、规格及颜色不符合规范要求，每处扣 2 分 工作接地与重复接地的设置、安装及接地装置的材料不符合规范要求，扣 10～20 分 工作接地电阻大于 4Ω，重复接地电阻大于 10Ω，扣 20 分 施工现场起重机、物料提升机、施工升降机、脚手架防雷措施不符合规范要求，扣 5～10 分 做防雷接地机械上的电气设备，保护零线未做重复接地，扣 10 分	20		

续表

序号	检查项目		扣分标准	应得分数	扣减分数	实得分
3	保证项目	配电线路	线路及接头不能保证机械强度和绝缘强度,扣5～10分 线路未设短路、过载保护,扣5～10分 线路截面不能满足负荷电流,每处扣2分 线路的设施、材料及相序排列、档距与邻近线路或固定物的距离不符合规范要求,扣5～10分 电缆沿地面明设,沿脚手架、树木等敷设或敷设不符合规范要求,扣5～10分 线路敷设的电缆不符合规范要求,扣5～10分 室内明敷主干线据地面高度小于2.5m,每处扣2分	10		
4		配电箱与开关箱	配电系统未采用三级配电、二级漏电保护系统,扣10～20分 用电设备未有各自专用的开关箱,每处扣2分 箱体结构、箱内电器设置不符合规范要求,扣10～20分 配电箱零线端子板的设置、连接不符合规范要求,扣5～10分 漏电保护器参数不匹配或检测不灵敏,每处扣2分 配电箱与开关箱电器损坏或进出线混乱,每处扣2分 箱体未设置系统接线图和分路标记,每处扣2分 箱体未设门、锁,未采取防雨措施,每处扣2分 箱体安装位置、高度及周边通道不符合规范要求,每处扣2分 分配电箱与开关箱、开关箱与用电设备的距离不符合规范要求,每处扣2分	20		
		小计		60		

续表

序号	检查项目		扣分标准	应得分数	扣减分数	实得分
5	一般项目	配电室与配电装置	配电室建筑耐火等级未达到三级，扣15分 未配置适用于电气火灾的灭火器材，扣3分 配电室、配电装置布设不符合规范要求，扣5～10分 配电装置中的仪表、电气元件设置不符合规范要求或仪表、电气元件损坏，扣5～10分 备用发电机组未与外电线路进行连锁，扣15分 配电室未采取防雨雪和小动物侵入的措施，扣10分 配电室未设警示标志，工地供电平面图和系统图，扣3～5分	15		
6		现场照明	照明用电与动力用电混用，每处扣2分 特殊场所未使用36V及以下安全电压，扣15分 手持照明灯未使用36V以下电源供电，扣10分 照明变压器未使用双绕组安全隔离变压器，扣15分 灯具金属外壳未接保护零线，每处扣2分 灯具与地面、易燃物之间小于安全距离，每处扣2分 照明线路和安全电压线路的架设不符合规范要求，扣10分 施工现场未按规范要求配备应急照明，每处扣2分	15		

续表

序号	检查项目		扣分标准	应得分数	扣减分数	实得分
7	一般项目	用电档案	总包单位与分包单位未订立临时用电管理协议，扣10分 未制定专项用电施工组织设计、外电防护专项方案或设计、方案缺乏针对性，扣5～10分 专项用电施工组织设计、外电防护专项方案未履行审批程序，实施后相关部门未组织验收，扣5～10分 接地电阻、绝缘电阻和漏电保护器检测记录未填写或填写不真实，扣3分 安全技术交底、设备设施验收记录未填写或填写不真实，扣3分 定期巡视检查、隐患整改记录未填写或填写不真实，扣3分 档案资料不齐全，未设专人管理，扣3分	10		
		小计		40		
检查项目合计				100		

施工用电检查评分表是施工现场临时用电的检查标准，临时用电既是一个独立的子系统，又和有些检查表有相互联系和制约的关系，除了脚手架、模板支架和高处作业等内容无直接关系外，其他项目评分都与施工用电有关联。

2.2.2 《建筑施工安全检查标准》（JGJ 59—2011）中施工用电检查评分方法

“检查标准”在分项检查表中，列在保证项目中的项目对该分项表甚至整个系统的安全情况起着关键作用。依据检查评分汇总实得分数，确定整个工地的安全生产工作的等级，其分为优良、合格、不合格三个等级。

(1) 优良

分项检查评分表无零分，汇总表得分值应在80分及以上。

（2）合格

分项检查评分表无零分，汇总表得分值应在 80 分以下，70 分及以上。

（3）不合格

1）当汇总表得分值不足 70 分时；

2）当有一分项检查评分表为零时。

评分注意事项：

应该强调指出："检查标准"是施工现场安全评价的依据，施工现场临时用电应以贯彻实施"规范"为主，"检查标准"中的《施工用电检查评分表》主要来源于"规范"的要求，因此，按照"规范"规定要求，落实各项安全管理，安全技术措施是搞好施工现场安全用电的根本。

1）本检查表实行的是扣分法，查出的问题按对应的扣分值扣分，所扣剩下的分数即是该项目的实得分数。但最多扣减分不得大于该项目的应得分。换句话说分值不能出现负数。

2）关于施工机具上的接零和接地，应装设漏电保护器的检查评分是放在"施工机具检查评分表"里进行检查评分，但这项检查工作仍应由电工负责。至于导线安装已包括在用电检查表中。

3）防雷保护的评分，是分别列在所保护的机械设备等所属的评分表内。因为这些工作都属于电工作业范围，所以必须由电工完成。

2.3 《建设工程施工现场供用电安全规范》（GB 50194—2014）

《建设工程施工现场供用电安全规范》（GB 50194—2014），经住房城乡建设部 2014 年 4 月 15 日以第 406 号公告批准发布。

本规范是在《建设工程施工现场供用电安全规范》（GB 50194—2014）的基础上修订而成，主编单位是中国电力企业联合会及河南省第二建设集团有限公司。本次修订后的主要技术内容包括：总则，术语，供用电设施的设计、施工、验收，发电设施，变电设施，配电设施，配电线路，接地与防雷，电动施工机具，办公、生活用电及现场照明，特殊环境，供用电设施的管理、运行及维护，以及供用电设施的拆除等。由于对水下、井下、坑道的施工用电有特殊要求，本规范不适用。

原93版分8章，2014版大幅增加到13章。修订的主要内容包括：

（1）增加了“术语”、“供用电设施的设计、施工、验收”、“供用电设施的拆除”三章内容；

（2）增加了外电线路防护方面的要求；

（3）提出了施工现场低压配电系统可以采用的接地形式；

（4）更正了“零线”、“接零保护”、“保护零线”等习惯用语在标准中的使用；

（5）提出了对使用工业连接器的要求以及配电箱防护等级的要求。

（6）规范中增加了七条以黑体字标志的强制性条文，必须严格执行。

因本书篇幅所限，仅对《建设工程施工现场供用电安全规范》（GB 50194—2014）作推荐介绍，具体内容和要求不再展开，如要详细了解该规范，请读者另行购读，此处不再细述。

3 施工现场临时用电的管理

为了确保建筑施工现场临时用电的安全，防止触电及其他事故的发生，必须加强对临时用电的安全管理工作。

3.1 施工现场临时用电的安全策划

按现行安全管理的新理念，强调体系管理，在众多的体系管理规范中，突出了一个“策划”环节。施工现场临时用电的安全管理是企业、项目部安全生产管理工作中的一个重要内容。

本节就施工现场临时用电的安全管理中引入“安全策划”的概念和方法，即事故预测与预防原理。

事故具有因果性、偶然性、必然性和再现性的特点：意外事故是一种随机现象，对于个别案例的考察具有不确定性，但对于大多数事故则表现出一定的规律。事故预防的模式则可以分为事后型模式和预测性模式两种。其中事后型模式是指在事故或者灾害发生以后进行整改，以避免同类事故再发生的一种对策；预测性模式则是一种主动的、积极的预防事故或灾难发生的对策，其基本的技术步骤是：提出安全和减灾目标——分析存在的问题——找出主要问题——制定实施方案——落实方案——评价——建立新的目标。

3.1.1 施工现场临时用电危险源的识别

所谓危险源，就是可能导致死亡、伤害、职业病、财产损失、工作环境破坏或这些情况组合的根源或状态，包括人的不安全行为、物的不安全状态，管理上的缺陷和环境上的缺陷等。

（1）危险源的识别方法

危险源的识别方法有很多，每一种方法都有其目的性和应用的范围。下面介绍几种可用于建立施工现场安全生产保证体系的危险源与不利环境因素识别方法：

——询问、交谈

对具有施工安全工作经验的人，往往通过询问、交谈能指出施工作业活动中存在的危险源与不利环境因素，初步分析出第一、二类危险源。

——现场检查

通过对施工现场物的状态和人的行为的检查，可发现存在的危险源与不利环境因素。从事现场检查的人员，要求具有安全技术知识和熟练掌握现行国家行业安全法律法规、标准规范和其他要求。

——查阅有关记录

查阅项目经理部的检查、事件、事故、职业病的记录，从中发现存在的危险源和不利环境因素。

——获取外部信息

从其他施工企业、文献资料、专家咨询等方面获取有关危险源与不利环境因素信息，加以分析研究，识别出本项目经理部存在的危险源与不利环境因素。

——工作安全分析

通过分析工人所从事的某项具体工作任务中所涉及的危险与危害，识别出有关危险源与不利环境因素。

——安全检查表

运用已编制好的安全检查表，对项目经理部进行系统的安全检查，识别出存在的危险源与不利环境因素。

——事件树分析法

——故障树分析法

上述几种危险源与不利环境因素识别方法从切入点和分析过程上，都有其各自特点，也有各自的适用范围或局限性。所以，项目经理部在识别危险源与不利环境因素的过程中，往往使用一种方法，还不足以全面地识别其所存在的危险源与不利环境因素，必须综合地运用两种或两种以上方法。其中，工作安全分析、安全检查表、事件树分析、故障树分析是比较规范的危险源与不利环境因素识别方法。

危险源与不利环境因素识别、评价和控制过程的复杂性在很大程度上取决于工程的规模、施工场所的状况性质、危险源与不利环境因素的复杂性和重要性等因素。对于危险源与不利环境因素很有限的小项目来说，对危险源与不利环境因素识别、评价和控制的策划并不意味着他们都必须进行复杂的危险源识别、评价和控制活动。

（2）评价

评价，也称安全评价或危险评价，是对系统发生事故的危险性进行定性或定量分析，从而掌握和预测系统发生危险的可能性及其严重程度，以寻求最低的事故率、最小的损失和最优的安全投资效益，因此评价是对已识别的危险源进行分析的最好手段，是事故预防的重要措施环节，也是安全管理和决策科学化的基础。

危险源与不利环境因素识别、评价是持续改进的动力。施工现场安全生产保证体系管理的核心是对重大危险源和不利环境因素的识别和处理，若经评价确定危险源和不利环境因素是一般的，则维持管理（保持）和改进现有控制措施；若是重大危险源和重大不利环境因素则要通过制定具体目标、指标和控制（管理）方案，启动“实施与运行”，即改善计划或管理控制，如图3-1所示，可以看出，危险源与不利环境因素识别和评价是持续改进的动力。

危险源评价结果一般可以分为重大的、一般的、可以忽略的三种危害水平，其数量构成见图3-2所示。

危险源定性或定量识别分析和评价的具体方法有多种，因受本节篇幅有限，不能详细论述，如要进一步了解这方面知识，请查阅有关专著。

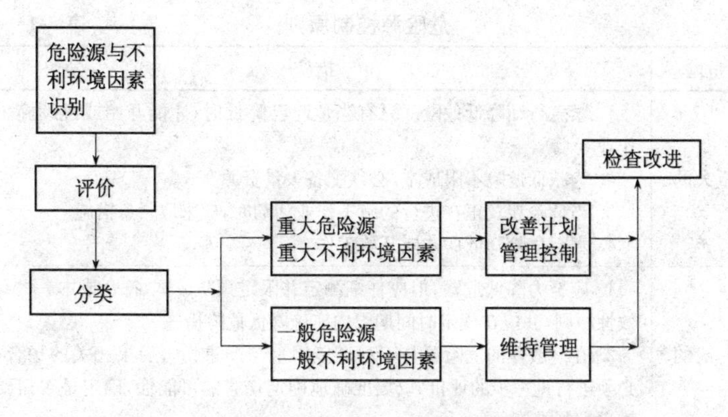

图 3-1　危险源与不利环境因素识别和评价图

3.1.2　施工现场临时用电危险源的控制措施

前面说了施工现场临时用电危险源的识别和评价方法，在这个基础上，应当提出对危险源的控制措施。

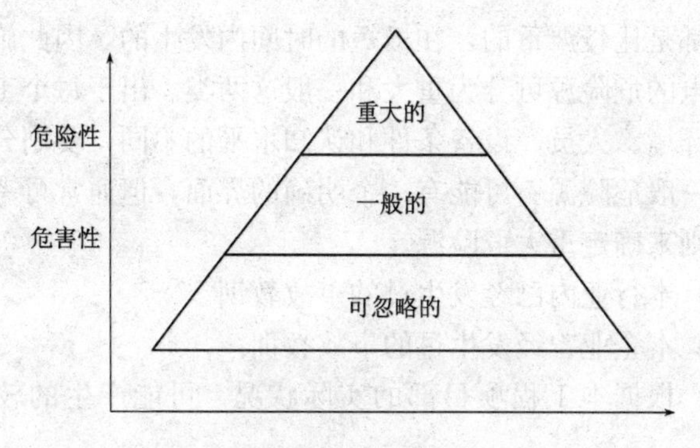

图 3-2　危险与危害水平示意图

施工现场临时用电的危险源按照上述几种识别方法，可以列出许多条，而其危害程度又可以分为三种，如图 3-2 所示，根据结果，可针对性地提出对各类危险源的控制原则，见表 3-1。

那么如何区分重大的、一般的、可忽略的三种危险源呢？考虑到施工现场临时用电的特殊性和大量的事故教训，施工现场临时用电基本上不存在可忽略的危险源，因为电气伤害事故一般来

危险源控制原则　　　　表 3-1

危险	措施
重大的	1. 紧急行动降低危险。只有当危险已降低时，才能开始或继续施工作业 2. 为减低危险不限成本，必须配备大量资源 3. 当危险涉及正在进行的施工作业活动时，应采取紧急措施 4. 直至危险降低后才能开始工作
一般的	1. 应努力降低危险，但应仔细测定并限定预防成本，符合成本——有效性原则，并应在规定时间期限内实施降低危险措施 2. 在一般性的危险源与不利环境因素与严重伤害后果相关的场合，必须进行进一步的评价，以更准确地确定伤害的可能性，确定是否需要改进控制措施
可忽略的	1. 不需要另外的控制措施，应考虑安全投入效果更佳的解决方案或不增加额外成本的改进措施 2. 需保持相应的控制措施，并不断检查，以防其危险变大以至超出可忽略的范围或演变成重大危险源与不利环境因素

说后果都是比较严重的，在极短的时间内发生的，因此施工现场临时用电的危险源可分为重大和一般这两类。出于每个工程项目所处的环境、人员、设备条件和认知水平的不同，要划分重大危险源和一般危险源不可能有一个明确的界面，但通常可考虑以下几点原则来确定重大危险源。

（1）本行业内已经发生过的事故教训。

（2）本企业曾经发生过的事故教训。

（3）根据本工程项目部的实际状况，可能产生的较大安全风险。

（4）违反国家、行业强制性标准条文规定的。

（5）安全检查标准评分表中列为保证项目的。

据此，可列出危险源控制清单，如表 3-2（供参考）。

危险源与不利环境因素识别、评价和控制应考虑以前实施的在评价期内仍有效的控制措施。如果评价结果表明还需对这些措施进行改进，则应进行更进一步的识别和评价，以反映这些改进，并对剩余危险进行评价。

对危险源与不利环境因素识别、评价和控制的策划需要项目经理部内每个员工的共同参与。项目经理部内的每个员工都应为与其相关的危险源辨识、风险评价和风险控制而尽力，积极配合执行这三个过程的人员开展工作，只有这样共同努力，才能使对危险源与不利环境因素识别、评价和控制的策划真正取得成效。

危险源控制清单　　表 3-2

危险部位	危险源控制点	控制措施	监控责任人	备注
临时用电	1. 导线 2. 绝缘与接头 3. 漏电开关 4. PE线与接地装置线 5. 熔丝 6. 人员资格 7. 人员行为 8. 电压	1. 移动导线必须使用电缆并与负荷匹配，禁止使用塑料花线、护套线、BV铜(铝)线； 2. 每一回路导线必须绝缘良好，特别监控插头、接头和电机接线及各种开关电线入口等处。不得出现电线老化、绝缘层断裂，铜丝外露现象。接头“三包”不直接受拉； 3. 漏电开关灵敏，可靠，二极保护，参数符合规范； 4. PE线每回路必须从电源源头到设备良好贯通，不得中断，特别是监控插头、接头和电机接线盒及各种开关电线入口处，注意每处接地装置线不松脱，断裂； 5. 熔丝与负荷匹配，禁止使用铜(铝)丝线代替熔丝； 6. 禁止非持电工证人员接电； 7. 禁止绕开漏电保护器从熔断器上下接线桩头或漏电保护器进线处接电； 8. 地下室应使用安全电压进行照明		

3.1.3 施工现场临时用电隐患的纠正和预防

（1）纠正和预防措施的概念

1）纠正措施是指对实际的不符合安全生产要求的事故、险肇事故或不合格发生原因进行调查分析，针对原因采取措施，以防止同类问题再发生的全部活动。预防措施是指通过事故、险肇事故和不合格原因、安全检查结果、相关方信息的综合、分类、统计和分析，确定今后需防止或减少发生的潜在事故或不合格，并针对可能导致其发生的原因所采取的措施，目的是防止潜在问题的发生。

2）纠正措施和预防措施不是就事论事地对事故和事故隐患现象的处理，而是要从根本上消除产生不符合安全生产要求的原因。因此纠正措施和预防措施可能涉及安全生产保证体系的各个方面的活动，没有纠正措施和预防措施，安全生产保证体系就不可能正常运行，更不可能得到持续的改进和完善。

3）纠正措施和预防措施的实施要投入一定的人力、物力、财力等资源，因此采取纠正措施和预防措施的程度应与存在问题的风险和影响程度相适应，安全风险大、影响程度大的事故隐患都应按本要素要求进行原因调查、采取治本措施，而不能简单地处置了事。

（2）纠正措施实施要求

施工过程发生安全事故（包括没有伤亡或物损的险兆事故）或安全生产检查中发现的事故隐患，有关部门和人员应吸取教训，采取纠正措施防止再发生。

1）安全事故的处理与纠正措施：

① 首先按应急救援预案抢救伤员及国家财产，防止事故进一步扩大，保护好现场。

② 根据国家、地方、行业与上级规定确定事故分类及相应的报告程序，按照程序迅速、及时、准确地向上级及有关部门报告，经有关人员来现场验证，发出指令后才可清理现场，恢复施工。

③ 根据国家、地方、行业和上级规定确定事故处理程序，组织专人调查事故产生的原因，记录调查结果，经过分析找出主要原因，提出针对性的防止同类事故再发生的纠正措施。

④ 组织实施纠正措施并监督验证其有效性。

2）事故隐患和不合格的处理与纠正措施：

① 对系统的、普遍的事故隐患和不合格，或可能产生严重后果的事故隐患，或上级及政府行业主管部门指出的事故隐患，项目经理部必须组织有关人员进行调查，查明原因，制定消除隐患的纠正措施；

② 实施纠正措施并监督验证其有效性。

3）建立并保持适当的记录。

（3）预防措施实施要求

工程项目开工前的策划阶段或开工后的实施阶段，有关部门和人员应对施工过程中易发生的安全事故和可能的危险源、不利环境因素，采取预防措施，防止事故的发生。

1）收集、利用适当的信息，发现并确认潜在的事故隐患和可能表现，信息来源包括：

① 施工环境、施工过程、操作工艺对安全的影响；

② 人员的教育和培训状况；

③ 检查结果；

④ 审核结果；

⑤ 业主意见；

⑥ 社会投诉；

⑦ 安全记录；

⑧ 历史教训等。

2）分析潜在事故隐患的引发原因，制定消除引发潜在事故隐患原因的措施，确定所需的处理步骤和程序。

3）明确部门和人员负责预防措施的执行、控制、验证、总结，确保措施的正确实施和措施有效性、可行性的验证活动的落实。

4）将所采取的预防措施及有关信息反馈给项目经理部有关

部门和项目经理。

5）建立并保持适当的记录。

3.2 临时用电的施工组织设计

按照《施工现场临时用电安全技术规范》（JGJ 46—2005）的规定："临时用电设备在5台及以上或设备总容量在50kW及以上者，应编制临时用电施工组织设计"。

编制临时用电施工组织设计的目的在于使施工现场临时用电工程的设置有一个科学的遵循依据，从而保障临时用电运行的安全、可靠性；另一方面，临时用电施工组织设计作为临时用电工程的主要技术资料，有助于加强对临时用电工程的技术管理，从而进一步保障其使用的安全、可靠性。因此，编制临时用电施工组织设计是保障施工现场临时用电安全、可靠的、首要的、必不可少的基础性技术措施。

临时用电施工组织设计的任务是为现场施工设计一个完备的临时用电工程，制定一套安全用电技术措施和电气防火措施。即所设计的临时用电工程，既能满足现场施工用电的需要，又能保障现场安全用电的要求，同时还要兼顾用电方便和经济。

编制施工现场临时用电工程施工组织设计的主要依据是《施工现场临时用电安全技术规范》（JGJ 46—2005），以及其他一些相关的电气技术标准、法规和规程。

临时用电工程施工组织设计及变更时，必须由专业电气工程技术人员来编制，且经相关部分审核及具有法人资格企业的技术负责人批准后方可实施。

本书在附录中按照通常编制用电施工组织设计的程序给出了一套较为系统、完备的设计方法和必要的参考资料，以供读者在编制施工现场临时用电施工组织设计时参照应用。

3.2.1 临时用电施工组织设计的主要内容和编制程序

临时用电施工组织设计的主要内容是：

（1）现场勘测

进行现场勘测，是为了编制临时用电施工组织设计而进行第一步骤的调查研究工作。现场的勘测也可以和建筑施工组织设计的现场勘测工作同时进行或直接借用其勘测的资料。如在编制中发现遗漏的勘测资料，应重新勘测补齐资料。

现场勘测的主要内容是调查在建工程的施工现场地形、地貌及正式工程的位置，上、下水等地上、地下管线和沟道的位置，建筑材料、器具堆放位置，生产、生活暂设建筑物位置，用电设备装设位置，以及施工现场周围环境等。

因此要详细查看、了解现场周围或附近的电源情况，拟定变配电设置的位置；结合正式工程的位置及施工现场平面布置图确定的范围，调查有无高、低压的架空线路或地下输电电缆、通信电缆或其他地下管线（对在名城区施工不能迷信建设方提供的地下管线图，勘测、施工中碰到疑问时必须作详细调查）；地下有无旧基础、井、沟道、洞等，施工现场人行、车行施工道路；结合建筑施工组织设计中所确定的用电设备、机械的布置情况和照明供电等总容量，合理调整用电设备的现场平面及立面的配电线路；调查施工地区的气象情况，雷暴日情况，土壤的电阻率多少和土壤的土质是否具有腐蚀性等。

（2）确定电源进线、变电所或配电室、配电装置、用电设备位置及线路走向

1）根据电源的实际情况和当地供电部门的意见，确定电源进线的路径及线路敷设方式，是架空线路还是埋设电缆线。进线尽量选择现场用电负荷的中心或临时线路的中央。

2）确定变配电室位置时应考虑变压器与其他电气设备的安装、拆卸的搬运通道问题。进线与出线方便无障碍。尽量远离施工现场振动场所及周围无爆炸、易燃物品、腐蚀性气体的场所。地势选择不要设在低洼区和可能积水处。

3）总配电箱、分配电箱在设置时要靠近电源的地方，分配电箱应设置在用电设备或负荷相对集中的地方。分配电箱与开关

箱距离不得超过 30m。开关箱应装设在用电设备附近便于操作处，与所操作使用的用电设备水平距离不宜大于3m。总、分配电箱的设置地方，应考虑有两人同时操作的空间和通道，周围不得堆放任何妨碍操作、维修及易燃、易爆的物品，不得有杂草和灌木丛。

4）线路走向设计时，应根据现场设备的布置、施工现场车辆、人员的流动、物料的堆放以及地下情况来确定线路的走向与敷设方法。一般线路设计应尽量考虑架设在道路的一侧，不妨碍现场道路通畅和其他施工机械的运行、装拆与运输。同时又要考虑与建筑物和构筑物、起重机械、构架保持一定的安全距离和怎样防护问题。采用地下埋设电缆的方式，应考虑地下情况，同时做好过路及进入地下和从地下引出等处的安全防护。

（3）负荷计算

负荷计算主要是根据现场用电情况计算用电设备、用电设备组以及作为供电电源的变压器或发电机的计算负荷。

计算负荷被作为选择供电变压器和发电机、导线截面、配电装置和电器的主要依据。

现场用电设备的总用电负荷计算的目的：对高压用户来说，可以根据用电负荷来选择变压器的容量和高低压开关的规格。对低压用户来说，可以依照总用电负荷来选择总开关、主干线的规格。通过对分路电流的计算，确定分路导线的型号、规格和分配电箱的设置的个数。总之负荷计算要将变、配电室，总、分配电箱及配电线路、接地装置的设计结合起来进行计算。

（4）选择变压器容量、导线截面和电器的类型、规格

1）变压器的选择是根据用电的计算负荷来确定其容量。而当现场用电设备容量在 250kW 或选择变压器容量在 160kVA 以下者，一般情况供电部门不会以高压方式供电。这是“全国供用电规则”的规定。

2）导线截面与电器选择。导线中通过的负荷电流不大于其允许载流量；线路末端电压偏移不大于额定电压的 5%，对于单

台长期运转的用电设备所使用的导线截面和电器装置的类型、规格，应按用电设备的额定容量选择；对于3台及3台以下的用电设备所使用的导线截面和电器装置的类型、规格可按单台用电设备的容量选择方法来选择。

另外，变电所的设计主要是选择、确定变压器的位置、型号、规格、容量和确定装设要求；选择和确定配电室的位置、配电室的结构、配电装置的布置、配电电器和仪表的选择和确定变电所内、外的防护设施；选择和确定电源进线、出线走向和内部接线方式，以及接地、接零方式等。

变电所设计应与自备电源（柴油发电机组）设计结合进行，特别应考虑其联络问题、明确确定联络方式和接线。变电站设计还应与配电线路设计相结合。

（5）配电系统设计

1）设计配电线路，选择导线或电缆

主要是选择和确定线路走向、配线方式（架空线或埋地电缆等）、敷设要求、导线排列；选择和确定配线型号、规格；选择和确定其周围的防护设施等。

配电线路设计不仅要与变电站设计相衔接，还要与配电箱设计相衔接，尤其要与配电系统的基本保护方式（应采用TN—S保护系统）相结合，统筹考虑零线的敷设和接地装置的敷设。

2）设计配电装置，选择电器

配电屏是最常用的配电装置，应根据计算负荷选择相应的电器，以满足施工现场用电的需要。

3）设计接地装置

接地是现场临时用电工程配电系统安全、可靠运行和防止人身间接接触触电的基本保护措施。

接地与接地装置的设计主要是根据配电系统的工作基本保护方式的需要确定接地类别，确定接地电阻值，并根据接地电阻值的要求选择或确定自然接地体或人工接地体。对于人工接地体还要根据接地电阻值的要求，设计接地体的结构、尺寸和埋深，以及相应的土壤处理，并选择接地体材料。接地装置的设计还包括接地线的选用和确定接地装置各部分之间的连接要求等。

4）绘制临时用电工程图纸

主要包括电气平面图、立面图和系统接线图、接地装置设计图。对于施工现场临时用电工程来说，由于其设置一般只具有暂设的意义，所以可综合给出体现设计要求的设计施工图。又由于施工现场临时用电工程相对来说是一个比较简单的用电系统，同时其中一些主要的，相对比较复杂的用电设备的控制系统已由制造厂家确定，无须重新设计，所以现场临时用电工程设计施工图中只需包括供电总平面图，变、配电所（总配电箱）布置图、变、配电系统接线图，接地装置布置图等主要图纸。

电气施工图实际上是整个临时用电工程施工组织设计的综合体现，是以图纸形式给出的施工组织设计，因而它是施工现场临时用电工程中最主要，也是最重要的技术资料。

（6）防雷装置设计

防雷设计包括：防雷装置装设位置的确定、防雷装置型式的选择以及相关防雷接地的确定。

防雷设计应保证根据设计所设置的防雷装置，其保护范围能可靠地覆盖整个施工现场，并能对雷害起到有效的防护作用。

（7）确定防护措施

编制安全用电防护措施时，不仅要考虑现场的自然环境和工作条件，还要兼顾现场的整个配电系统，包括从变电所到用电设备的整个临时用电工程。对此应确定相应的安全防护方法以及防护要求，如对线路安装的质量、标准的控制要求，对总、分配电箱的材质、配电板的材质及安装的位置的要求等。

（8）编制安全用电措施和电气防火措施

编制安全用电技术措施和电气防火措施要和现场的实际情况相适应，其中主要之点是：电气设备的接地（重复接地）、接零（TN—S 系统）保护问题，装设漏电保护器问题，一机一闸问题，外电防护问题，开关电器的装设、维护、检修、更换问题，以及对水源、火源、腐蚀介质、易燃易爆物的妥善处理等问题。

3.2.2 负荷计算

建筑施工现场用电负荷计算时，应考虑：建筑工程及设备安装工程的工作量与施工进度；各个阶段投入的用电设备需要的数量，要有充分的预计；用电设备在施工现场的布置情况和离电源的远近；施工现场大大小小的用电设备的容量进行统计。在这些已经掌握的情况下，就可以计算了。

通过对施工用电设备的总负荷计算，依据计算的结果选择变压器的容量及相适应的电气配件；对分路电流的计算，确定线路导线的规格、型号；通过对各用电设备组的电流计算，确定分配电箱电源开关的容量及熔丝的规格、电源线的型号、规格。

对于高压供电的施工现场一般用电量较大，在计算它的总用电量时，可以把各用电设备进行分类；分组进行计算，然后相加。

（1）在计算施工现场诸多的用电设备时，对各类施工机械的运行、工作特点都要充分考虑进去：

1）有许多用电设备不可能同时运行，如卷扬机、电焊机等；

2）各用电设备不可能同时满载运行，如塔式起重机它不可能同时起吊相同重量的物品；

3）施工机械的种类不同、其运行的特点也不相同，施工现场为高层建筑提供水源的水泵一般需连续运转，而需要连续运转的龙门架与井架却是反复短时间停停开开；

4）各用电设备在运行过程中，都不同程度会存在功率的损耗致使设备效率下降；

5）现场配电线路，在输送功率同时也会产生线路功率的损耗，线路越长损耗越大。对线路效率问题不应忽视。

目前，负荷计算方法常采用需要系数法和二项式法，但不管你采用哪种计算方法，都需使用在实际中早已测定的有关系数。但在施工现场临时用电中尚未系统地测定，可以参照《临时用电施工组织设计》一书或其他资料。

（2）一般进行负荷计算时，首先应绘制供电系统图，如图3-3所示，然后按程序进行计算。

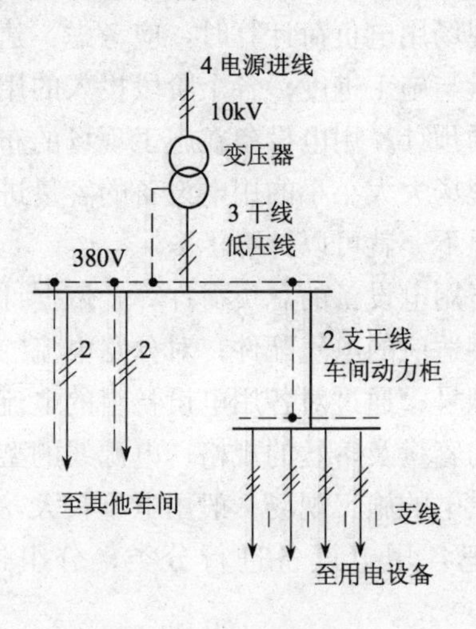

图 3-3　供电系统图

1）单台用电设备：长期运转的用电设备，设备容量就是计算负荷。但对单台电动机及其他需计及效率的单台用电设备的计算负荷应为：

$$P_{j1}=P_{e}/\eta \tag{3-1}$$

式中　P_{j1}——用电设备的有功计算负荷（kW）；

P_{e}——用电设备的设备容量；

η——用电设备的效率。

2）确定用电设备组的计算负荷：确定了各用电设备组容量 P_{e} 之后，就应将各用电设备按 Kx 分类法分成若干组，进行负荷计算应为：

$$\begin{aligned} P_{j2}&=Kx\sum P_{e}\\ Q_{j2}&=P_{j2}\tan\varphi \\ S_{j2}&=\sqrt{P_{j2}^{2}+Q_{j2}^{2}} \end{aligned} \tag{3-2}$$

式中　P_{j2}——用电设备组的有功计算负荷（kW）；

Q_{j2}——用电设备组的无功计算负荷（kVAR）；

S_{j2}——用电设备组的视在计算负荷（kVA）；

$\sum P_e$——用电设备组的设备总容量之和，但不包括备用设备容量（kW）；

Kx——用电设备组的需要系数，可查工厂电气设计手册或参考表；

$\tan\varphi$——与功率因数角相对应的正切值，可查工厂电气设计手册或参考表确定。

3）确定配电干线或低压母线上的计算负荷：将干线或母线上各用电设备组的计算负荷相加，然后再乘以最大负荷的同期系数（或最大的负荷混合系数，或参差系数）K_p（有功负荷的同期系数）、K_Q（无功负荷同期系数），即得到该配电干线或低压母线上的计算负荷 P_{j3}、Q_{j3} 和 S_{j3}，而 S_{j3} 则是选择电力变压器的依据。于是有下列关系式：

$$
\begin{aligned}
P_{j3} &= K_p \sum P_{j2} \\
Q_{j3} &= KQ \sum Q_{j2} \qquad (3\text{-}3) \\
S_{j3} &= \sqrt{P_{j3}^2 + Q_{j3}^2}
\end{aligned}
$$

式中 $\sum P_{j2}$、$\sum Q_{j2}$——用电设备组的有功无功计算负荷的总和（kW、kVAR）；

K_p、K_Q——最大负荷时有功无功负荷的同期系数，可查工厂电气设计手册确定。

K_p、K_Q 是考虑各用电设备组的最大负荷不会同时出现而引用的一个系数。K_Q 一般采用与 K_p 相同的数值。如机械加工车间的同期系数 K_p＝0.7～0.9。

在选择变压器时，要考虑到变压器本身的有功损耗 ΔP_B 和无功损耗 ΔQ_B。其数值可通过查阅电力变压器的技术数据中得到。通常在负荷计算中，变压器的有功损耗和无功损耗可分别用下列近似公式计算：

$$\Delta P_B = 0.02 S_{j3} \qquad (3\text{-}4)$$

$$\Delta Q_B = 0.08 S_{j3} \qquad (3\text{-}5)$$

式中 ΔP_B——电力变压器的有功损耗（kW）；

$\Delta Q B$——电力变压器的无功损耗（kVAR）；

S_{j3}——用电设备组的视在计算负荷（kVA）。

此外，还应考虑电力变压器经济运行的容量，一般以增加计算负荷 S_{j3} 的 20%～30%容量为宜。查电气设备手册。

4）确定单相照明负荷：对于照明负荷的计算，白炽灯的设备功率是指灯泡上标明功率数、而对日光灯及高压水银汞灯、金属卤化物灯（在高压灯内添加金属卤化物的 400W 钠、铊、铟灯等）采用外镇流器式的灯具，还应计入镇流器的损耗功率，即灯管的额定功率应分别增加 20%及 8%。

单向负荷与三相负荷同时存在时，应该将单向负荷换算成等效的三相负荷，再与三相负荷相加。三相不平衡的单向负荷应该取其最高项的 3 倍；当只有单向负荷也应该乘以 3 作为等效的三相负荷。下面介绍一种较为简便的估算：

估算公式：

$$S_{js}=Kx\cdot\frac{\sum P_e}{\eta\cdot\cos\varphi}\ (\text{kVA}) \tag{3-6}$$

式中 $\sum P_e$——表示现场每台电动机铭牌上的额定功率的相加总和；

η——表示各台电动机的平均效率。电动机的效率一般在 0.75～0.92 之间，计算时可采用 0.86；

$\cos\varphi$——表示各台电动机的平均功率因数（对于以 kVA 表示的用电设备如电焊机类即应该直接相加，不必除以 $\cos\varphi$）；

Kx——表示用电设备的需要系数。前面的介绍中已提到了每台用电设备不一定都同时工作、也不一定都同时满负荷运转，所以计算时要打一折扣；

S_{js}——表示用电设备组所需要的总容量（kVA）。

照明部分只考虑需要系数，把现场上用途不同的照明分别乘上相对应的需要系数，然后加起来就是照明用电的总容量（一般照明用电的功率因素可以取1)。

各用电设备组的需要容量（称为计算容量）相加之后，应该再乘上一个同时系数 Kx（因为各用电设备组之间也存在着一个同时和不同时使用的问题，所以需要再打一个折扣），折扣的 Kx 值一般可取0.8～1。设备组越多，同时系数也越小。这样计算下来的结果，就是施工现场动力设备的用电总容量，再加上照明用电的总容量，就是全施工现场的用电总容量。

高压用户在选择变压器的容量时，应首先要考虑变压器的损耗（可以从说明书中查到）。负荷率一般取85%左右，变压器容量应根据电动机或其他负荷冲击条件的影响，所谓的冲击条件，主要是指用电设备的高峰集中用电时的电流，即持续1～2h的短时间最大负荷电流。

选择变压器容量的原则是变压器的容量应大于其供电现场的总视在计算负荷。在装设一台变压器时，应至少留有15%～25%的富裕容量。各用电设备组的 Kx、$\cos\varphi$ 及 $\tan\varphi$ 的近似值可参考表3-3。表3-4是某施工现场实例。

用电设备组的 Kx、$\cos\varphi$ 及 $\tan\varphi$　　表3-3

用电设备组名称		Kx	$\cos\varphi$	$\tan\varphi$
混凝土搅拌机及砂浆搅拌机	10台	0.7	0.68	1.08
	10台	0.6	0.65	1.17
破碎机 筛洗石机 泥浆泵	10台	0.7	0.7	1.02
空气压缩机 输送机	10台	0.65	0.65	1.17
提升机 起重机 掘土机	10台	0.3	0.7	1.02
	10台	0.2	0.65	1.17
电焊机	10台	0.45	0.45	1.98
	10台	0.35	0.4	2.29

某施工现场用电设备组的 Kx、$\cos\varphi$ 及 $\tan\varphi$　　表3-4

用电设备组名称		Kx	$\cos\varphi$	$\tan\varphi$
卷扬机	9台	0.3	0.45	1.98
爬塔	1台	0.3	0.65	1.17

续表

用电设备组名称		Kx	cosφ	tanφ
电焊机	2台	0.35	0.6	1.33
搅拌机	1台	0.6	0.4	2.29
砂浆机	5台	0.7	0.65	1.17
喷浆机	2台	0.8	0.8	0.75
排水泵	4台	0.8	0.8	0.75
木工机械	3台	0.7	0.75	0.88
电钻	1台	0.7	0.75	0.88

5）求计算电流：$I_{js}=\frac{S}{\sqrt{3}Ue}\approx S\times1.52$

式中 I_{js}——计算电流（A）；

S——容量单位（kVA），指视在功率；

Ue——用电设备额定电压（kV）。

在低压供电的现场，除了用公式（3-1）~公式（3-6）计算外，还有其他估算方法。对于用电量不大的施工现场，可以把所有的用电设备的额定功率加在一起，取一个综合需要系数 Kx 为 0.5~0.75 之间，这样估算出现用电设备的用电总功率，然后乘上 2 即为总电流。

此时在考虑照明用电量时，只是取动力用电总功率的 10%就可以了。再根据各级用电量和电流的估算，可以按照有关要求选择设备和导线的规格、型号。

3.2.3 施工现场临时用电负荷计算举例

【例 1】 某施工现场主体结构为 16 层框架结构的居民住宅楼，建筑面积为 12000m²。所选用的施工机械如表 3-5 所示。假定所有的施工用机组为同类用电设备组，现场提供的总需要系数的实测数据为 $Kx=0.47$，$\cos\varphi=0.6$，试求该现场的变压器容量。

解：不同暂载率的用电设备的容量换算：

1 号塔机容量

$$Pe=2Pe'\sqrt{J_c}=2\times100\times\sqrt{15}=77.5\text{kW}$$

7 号电焊机容量

$$Pe=Se'\sqrt{J_c}\cos\varphi=21\times\sqrt{0.65}\times0.87=14.7\text{kW}$$

从 7 号设备中可以看出，单相用电设备的不对称容量即两台焊机 29.4kW 大于三相用电设备总容量的 15%，所以，电弧焊机的三相等效设备容量为：

$$Pe=\sqrt{3}P_{ex'}=\sqrt{3}\times14.7=25.5\text{kW}$$

日光灯和高压水银荧光灯的设备容量可按其总功率的 1.2 倍计算：

$$Pe=1.2\times3.2=3.8\text{kW}$$

除照明外，所有用电的施工机械的总设备容量为：

$$Pe=77.5+22+7.5+10+3+14+51+5.6+7+6=203.6\text{kW}$$

由式（3-2）求得计算负荷为：

$$P_{j1}=Kx\sum Pe=0.47\times203.6=95.7\text{kW}$$

$$Q_{j1}=P_{j1}\tan\varphi=95.7\times1.33=127.3\text{kVAR}$$

$$S_{j1}=\sqrt{P_{j1}^2+Q_{j1}^2}=\sqrt{95.7^2+127.3^2}=159.3\text{kVA}$$

照明的计算负荷为：

$$P_{j2}=4\text{kW}+3.8\text{kW}=7.8\text{kW}$$

某施工现场用电设备参数表 **表 3-5**

编号	用电设备名称	型号及铭牌技术数据	换算后设备容量 Pe
1	塔式起重机	QT80，100kW，380V，$J_c=15\%$	77.5kW
2	施工升降机	TST-200，2×11kW，380V	22kW
3	搅拌机 0.4L	J_1-400，7.5kW，380V，$\cos\varphi=0.82$，$\eta=0.8$	7.5kW
4	搅拌机 0.375L	J_4-375，10kW，380V，$\cos\varphi=0.82$，$\eta=0.8$	10kW
5	砂浆搅拌机 0.2L	3kW，380V，$\cos\varphi=0.82$，$\eta=0.8$	3kW
6	卷扬机	JJK-2，14kW，380V，$\cos\varphi=0.82$，$\eta=0.8$	14kW
7	电焊机(2 台)	21kVA，$J_c=65\%$，380V，$\cos\varphi=0.87$	$\sqrt{3}\times14.7\text{kW}=25.5\text{kW}$ $25.5\times2=51\text{kW}$

续表

编号	用电设备名称	型号及铭牌技术数据	换算后设备容量 Pe
8	圆盘锯(2台)	JO-42-2,2.8kW,380V,$\cos\varphi=0.88$,$\eta=0.85$	2×2.8kW=5.6kW
9	钢筋切断机	7.0kW,380V,$\cos\varphi=0.83$,$\eta=0.84$	7kW
10	振捣器4台	1.5kW,380V,$\cos\varphi=0.85$,$\eta=0.85$	4×1.5=6kW
11	照明	白炽灯,碘钨灯,共4kW 日光灯高压水银荧光灯共3.2kW	4kW 3.8kW

查照明用电设备的 $\cos\varphi$ 及 $\tan\varphi$ 表，取日光灯、高压水银灯的 $\cos\varphi=0.55$、$\tan\varphi=1.52$，则：

$$Q_{j2}=3.8\times1.52=5.8\text{kW}$$

$$S_{j2}=\sqrt{7.8^2+5.8^2}=9.7\text{kVA}$$

整个施工现场的计算负荷为：

$$S_j=\sqrt{(95.7+7.8)^2+(127.3+5.8)^2}=168.6\text{kVA}$$

由式（3-4）、式（3-5），所选电力变压器的损耗为：

$$\Delta P_B=0.02S_{j2}=0.02\times168.6\text{kW}=3.37\text{kW}$$

$$\Delta Q_B=0.08S_j=0.08\times168.6\text{kVAR}=13.5\text{kVAR}$$

即 $\Delta S_B=\sqrt{3.37^2+13.5^2}=13.9\text{kVA}$

电力变压器的容量主要根据 S_j 的量值和 ΔS_B 的值来选择。再考虑到变压器的经济运行容量。查电气手册，可采用SL7—200/10低损耗、高效率的电力变压器。

【例2】 根据例1列出的施工现场用电设备的技术参数，采用查表3-3和表3-4的方法，即按各种用电设备组选取 Kx 值和 $\cos\varphi$ 值，来求计算负荷和确定变压器容量。

解： 关于不同暂载率的用电设备的容量换算和单相设备不对称容量换算，均按例题1所算数据取用，不再重作计算。

先求设备组的容量：

（1）塔吊、施工升降机和卷扬机：按查表得到 $Kx=0.3$、$\cos\varphi=0.7$、$\tan\varphi=1.02$ 由式（3-2）计算负荷为：

$$P_{j1}=0.3\times(77.5+22+14)=34.1\text{kW}$$

$$Q_{j1}=P_{j1}\tan\varphi=34.1\times1.02=34.73\text{kVAR}$$

（2）搅拌机、砂浆搅拌机：按查表得到 $Kx=0.7$、$\cos\varphi=0.68$、$\tan\varphi=1.08$，计算负荷为：

$$P_{j2}=0.7\times(7.5+10+3)=14.35\text{kW}$$

$$Q_{j2}=14.35\times1.08=15.5\text{kVAR}$$

（3）电焊机：按查表得到 $Kx=0.45$、$\cos\varphi=0.45$、$\tan\varphi=1.98$，计算负荷为：

$$P_{j3}=0.45\times(25.5+25.5)=22.95\text{kW}$$

$$Q_{j3}=22.95\times1.98=45.44\text{kVAR}$$

（4）圆盘锯、切断机：按查表得到 $Kx=0.7$、$\cos\varphi=0.75$、$\tan\varphi=0.88$，计算负荷为：

$$P_{j4}=0.7\times(2.8+2.8+7)=8.82\text{kW}$$

$$Q_{j4}=8.82\times0.88=7.76\text{kVAR}$$

（5）振捣器：按查表得到 $Kx=0.7$、$\cos\varphi=0.65$、$\tan\varphi=1.17$，计算负荷为：

$$P_{j5}=0.7\times(1.5+1.5+1.5+1.5)=4.2\text{kW}$$

$$Q_{j5}=4.2\times1.17=4.91\text{kVAR}$$

由式（3-3）计算以上五组用电设备的计算负荷、取同期系数 $K_P=K_Q=0.9$ 则

$$P_{j(1\text{-}5)}=0.9\times(34.1+14.35+22.95+8.82+4.2)=84.42\text{kW}$$

$$Q_{j(1\text{-}5)}=0.9\times(34.37+15.5+45.44+7.76+4.91)=108.31\text{kVAR}$$

【例 3】 中已算出照明的计算负荷为：

$$P_{j0}=7.8\text{kW}$$

$$Q_{j0}=5.8\text{kVAR}$$

所以整个施工现场的计算负荷为：

$$S_j=\sqrt{(84.82+7.8)^2+(108.31+5.8)^2}\text{kVA}=146.97\text{kVA}$$

考虑变压器本身的损耗，由式（3-4）、式（3-5）得：

$$\Delta P_B=0.02\times146.97\text{kW}=2.94\text{kW}$$

$$\Delta Q_B=0.08S_j=0.08\times146.97\text{kVAR}=11.76\text{kVAR}$$

即 $\Delta S_B=\sqrt{2.94^2+11.76^2}=12.1\text{kVA}$

考虑电力变压器的容量，主要根据 S_j 的量值和 ΔS_B 的值来选择。再考虑到变压器的经济运行容量。查电气手册，可采用 SL_7—160/10 低损耗、高效率的电力变压器。

上述计算结果同例 1 作一比较。例 2 取用的 Kx 值、$\cos\varphi$ 值是查表选定的，而例 1 则是在施工现场实测得出的 Kx 值和 $\cos\varphi$ 值。因此例 1 求得的数据是符合实际的，而例 2 求得的计算负荷比例 1 小 21.64kVA，占 13%左右。

例 1、例 2 求得计算负荷的值，相差较大的主要原因是没有对施工现场的施工进度、劳动力的安排、施工的工艺等作详细调查造成的。假如不管什么施工现场，凡是同一种用电设备，都采用一样的 Kx 值和 $\cos\varphi$ 值，显然是脱离实际情况的。

而实际上，在现场施工中按照土建的施工组织设计方案，往往将模板工程、钢筋绑扎工程、焊接及浇注混凝土等工程的工序安排一般不受干扰，除非为了避免立体交叉施工安全防护设施不到位时。所以，施工现场的塔吊、井架与龙门架、电焊设备，它们的 Kx 值要大于 0.3～0.45 的选用值。同样在选择 $\cos\varphi$ 值也存在着这问题。关键在于取用 Kx 和 $\cos\varphi$ 值时，一定要作研究并结合施工实际情况来确定，否则就很难达到供电可靠、安全、经济合理的目标。

【例 4】 介绍估算方法，公式在前一节中已作介绍。

解：按估算方法，取 $Kx=0.8$、$\eta=0.86$、平均取 $\cos\varphi=0.79$：

公式：$S_{js}=Kx\cdot\dfrac{\sum Pe}{\eta\cdot\cos\varphi}$ (kVA)

其中：$\sum Pe$ 取例 1 中计算出的负荷 203.6kW。则

$$S_{js}=0.8\times\frac{203.6}{0.86\times0.79}=239.7\text{kVA}$$

例 1 中已计算出照明的计算负荷为 9.7kVA，这样就将动力总容量 239.7kVA＋照明用电量 9.7kVA 就等于全工地的总用电量。

但是，从估算出的用电容量与例 1 计算出的负荷相差较大。

比计算负荷多出36kVA，占18%左右。但前面例1、例2的计算负荷，都未将工地上线路损耗考虑进去。稍大也无妨，过大超出实际则是浪费了。

按照《施工现场临时用电安全技术规范》（JGJ 46—2005）第二章，第3.1.4条规定临时用电施工组织设计及变更时，必须履行“编制、审核、批准”程序，由电气工程技术人员组织编制，经相关部门审核及具有法人资格企业的技术负责人批准后实施。变更用电组织设计时应补充有关图纸资料。

3.3 临时用电各项管理制度及技术措施

施工现场临时用电的安全管理可分为管理制度和安全技术管理。随着改革开放的深入发展，大批先进的施工机械投入施工生产，用电设备及电气装置不断增多，而施工现场的用电临时性，环境的特殊性、复杂性，加上管理制度的不健全，和有章不循以及其他各种因素，近年来触电事故造成的伤害已上升到“四大伤害”中的第三位了，给伤者的家庭和国家财产带来很大损失。为了安全地使用好电，施工企业内部必须建立一系列的安全用电的管理制度和技术措施。

3.3.1 用电规章制度

（1）变配电室的安全管理制度

变配电室必须做到“四防和一通”的要求，即防火、防雨雪、防潮汛、防小动物和保持通风良好；室内应备有合格绝缘棒、绝缘毡、绝缘靴子和手套，还应备有匹配的电气灭火消防器材、应急照明灯等安全用具；变配电室应有定期检查、维修保养的规定，当发现有哪些异常情况时应采取应急抢救措施和停止运行的要求等等的详细规定和预案。

（2）电气检修安全操作监护制度

对于检修的监护制度，必须有明确的规定，如施工现场夜间值班电工必须配备2人；发生故障1人检修、1人实行监护。平时如遇带电检修应遵守的要求，如带电部分只容许位于检修人员的侧边；断线时，先断相线，后断零线；接线时，先接零线，后接相线。监护人的具体要求、职责，都要写进制度内。

(3) 巡回检查制度

施工现场的临时用电状况处于动态变化，特别是第三级用电的临时性：配电箱到开关箱的电源线，乱拖乱拉、电源线无限接长（超过 30m 以上）；现场用电人员安全、准确使用电气设备知识的缺乏，有意无意损坏电气设备的情况还很普遍。所以，很有必要对电工的巡回检查，用制度形式固定下来。

(4) 安全教育制度

电工是一特殊工种，每个电工都要认真接受电气专业知识的培训、考核，同时，加强对现场的用电人员的安全，用电基本知识教育，开展经常性的教育活动，并用制度形式固定下来。

(5) 宿舍安全用电管理制度

目前，建筑施工队伍中，使用了大量的外来民工。这些工人整天吃住在工地，晚上有时还要加班。他们往往乱接电源线，在宿舍里有时烧食物，煮热水，私自使用电加热器（非正规的电加热器），夏天把小电扇接到蚊帐里，这些乱接电源的现象很容易引发事故，所以必须对宿舍用电的安全管理作出具体规定。

每个企业内部在安全生产方面都有许多规章制度，应针对施工用电管理，缺什么制度就补什么制度，健全安全用电的管理。

3.3.2 施工用电的安全技术措施

对变电、配电室的检修工作可采取全部停电、部分停电或不停电检修三种方法。为了保证检修工作的安全，应建立必要的、安全的、行之有效的技术措施。

(1) 工作票制度

工作票制度一般有两种。

变电所第一种工作票使用的场合如下：

1) 在高压设备上工作需要全部停电或部分停电时；

2) 在高压室内的第二次回路和照明回路上工作，需要将高压设备停电或采取安全措施时。

变电室第二种工作票使用的场合如下：

1）在带电作业和带电设备外壳上的工作；

2）在控制盘和低压配电盘、配电箱、电源干线上工作；

3）在高压设备无需停电的二次接线回路上工作等。

根据不同的检修任务，不同的设备条件，以及不同的管理机构，可选用或制定适当格式的工作票。但是无论哪种工作票，都必须以保证检修工作的绝对安全为前提。

（2）工作票所涉人员的安全责任

1）工作票签发人

对工作票的签发人，必须是熟悉情况的领导担任，其安全责任如下：

① 认识工作的必要性；

② 工作是否安全可靠；

③ 工作票上所填的安全措施是否正确完备；

④ 所派工作负责人和检修人员是否适当和配备充足。

2）工作许可人

工作许可人一般由值班员、工地值班员或变配电室值班员担任，其安全责任如下：

① 审查工作的必要性；

② 按工作票停电，然后向检修负责人交代，并一同检查停电范围和安全措施，指明带电部分和安全措施，移交工作现场，双方认可签名以后才允许进行检修工作；

③ 检修工作结束时，工作许可人收到工作票，并且双方签名后才告结束。值班人员按工作票送电前，还需仔细检查现场，并通知有关单位确认无误方可送电。

3）工作负责人

工作负责人是这项工作的具体负责人，又是这项工作的监护人，其安全责任：

① 在工作票上填写清楚检修项目、计划工作时间、工作人

员名单等；

② 结合实际进行安全教育、针对性的安全技术措施交底，严格执行工作票中制订的安全措施；

③ 必须始终在操作现场，对工作人员进行认真监护、随时提醒与纠正工作，保证操作的正常与安全；

④ 检修工作结束后，清理现场，清点人数确认无误，带领撤出现场。

4）工作班成员安全责任

① 在检修工作中，要明确工作任务、范围、安全技术措施、带电的具体部位等安全注意事项；

② 工作时认真负责、思想集中、遵守纪律、听从指挥；

③ 如被工作负责人指定为监护的工作人员，要认真履行监护职责；

④ 工作结束后，要认真清扫现场、清点工具，随工作负责人一起撤出现场。

（3）停电安全措施

全部停电和部分停电的检修工作的步骤是：停电、验电、放电、装临时接地线、装设遮栏和挂上对号的安全警示牌等。然后正式开始检修，以确保检修工作的安全。

1）对部分不停电设备与检修人员之间的安全距离：带电体在10kV时小于0.25m，20～35kV的带电设备之间小于0.8m时，这些带电体应停电。

2）停电时，应注意对所有能够检修部分与送电线路，要全部切断，而且每处至少要有一个明显的断开点，并应采用防止误合闸的措施。

3）对于多回路的线路，还要注意防止其他方面的突然来电，特别要注意防止低压方面的反馈电。

（4）验电措施

1）对已停电的线路或设备，不能光看指示灯信号和仪表（电压表）上反映出无电。均应进行必要的验电步骤。

2）验电时应戴绝缘手套，按电压等级选择相应的验电器。

（5）放电措施

放电的目的是消除检修设备上残存的静电。

1）放电应使用专用的导线，用绝缘棒或开关操作，人手不得与放电导体接触。

2）线与线之间、线与地之间，均应放电。电容器和电缆线的残余电荷较多，最好有专门的放电设备。

（6）装接临时接地线

为了防止意外送电和二次系统外的反馈电，以及消除其他方面的感应电，应在被检修的部分外端装接必要的临时接地线。

1）临时接地线的装拆程序是装时先接接地线，拆时后拆接地端。

2）应验明线路或设备确实无电后，方可装设临时接地线。

（7）装设遮栏

在部分停电检修时，应对带电部分进行遮护，使检修人员与带电导体之间保证安全。

（8）悬挂警示标志

警示牌的作用是提醒大家注意。悬挂的警示标志要对上号有针对性。

（9）不停电检修

不停电检修工作必须严格执行监护制度，保证有足够的安全距离。不停电检修工作时间不宜太长，对不停电检修所使用的工具应经过检查与试验。检修人员应经过严格培训，要能熟练掌握不停电检修技术与安全操作知识。

低压系统的检修工作，一般应停电进行，如必须带电检修时，应制订出相应的安全操作技术措施和相应的操作规程。

建筑施工现场的高压配电系统，有许多是当地供电部门管理检修。如属施工现场自行管理检修，检修人员必须经当地供电部门高压检修的培训、考核合格后发高压电工上岗证。无高压证者不得进入高压室操作。

3.4 专 业 人 员

3.4.1 电工作业人员范围与条件

（1）从事安装、维修或拆除临时用电工程的人员。

（2）从事用电管理的工程技术人员。

（3）电工作业人员，必须年满18周岁、身体健康无妨碍从事本职工作病症和生理上的缺陷；具有初中毕业以上文化程度和具有电工安全技术、电工基础理论专业技术知识和一定的实践经验。

3.4.2 施工现场电工应知的内容

（1）应知电气事故的种类与危害性、电气安全的特点、重要性，能掌握处理电气事故方法。

（2）应知触电伤害的类型、造成触电的原因和触电的方式；电流对人体的危害作用，触电事故发生的规律；能对现场触电者采取急救措施的方法。

（3）应知我国的安全电压等级、安全电压的选用和使用条件。

（4）应知绝缘、屏护、安全距离等防止直接电击的安全措施；绝缘损坏的原因、绝缘指标；能掌握防止绝缘损坏的技术要求及测试绝缘的方法。

（5）应知保护接地（TT系统）、保护接零（TN系统）中性点不接地或经过阻抗接地（IT系统）等防止间接电击的原理及措施；能针对在建工程的供电方式掌握接地、接零的方式、要求和安装测试的方法。

（6）应知漏电保护器类型、原理和特性、技术参数；能根据用电设备合理选择漏电保护装置及正确的接线方式、使用和维修知识。

（7）应知雷电形成及对电气设备、设施和人身的危害；掌握防雷的要求及避雷措施。

（8）应知电气火灾的形成原因和预防措施，懂得电气火灾的扑救程序和灭火器材的选择、使用方法与保管知识。

（9）应知静电的特点、危害和产生原因，掌握防静电基本方法。

（10）应知电气安全用具的种类、性能及用途；掌握其使用、保管方法和试验的周期、试验标准。

（11）应知现场特点，了解潮湿、高温、易燃、易爆、导电粉尘、腐蚀性气体或蒸气、强电磁场、多导电性物体、金属容器、坑沟、槽、隧道等环境条件对电气设备和安全操作的影响；能知道在相应的环境条件下设备的选型、运行、维修等安全技术要求。

（12）应知现场周围环境及场内的施工机械、建筑物、构筑物、挖掘、爆破作业等对电气设备安全正常运行的影响；掌握相应的防范事故措施。

（13）应知电气设备的过载、断路、欠压、失压、断相等保护原理；能掌握本岗位中电气设备的性能、技术参数及其安装、运行、维修、测试等技术工作的技术标准和安全技术要求；同时掌握对电气设备保护方式的选择和保护装置及二次回路的安装、调试技术。

（14）应知照明装置、移动电具、手持式电动工具及临时供电线路安装、运行、维修的安全技术要求。

（15）应知与电工作业有关的登高、机械、起重、搬运、挖掘、焊接和爆破等作业的安全技术要求。

（16）应知静电感应原理，掌握在临近带电设备或有可能产生感应电压的设备上工作时的安全技术要求。

（17）应知带电操作的理论知识，掌握相应带电操作技术和安全要求。

（18）应知本岗位内的电气系统的线路走向、设备分布情况、编号、运行方式、操作步骤和要熟练掌握处理事故的程序。

（19）应知调度管理要求和用电管理规定。

(20) 应知本岗位现场运行规程和工作票制度、操作监护制度、巡回检查制度、交接班制度。

(21) 应知电工作业中保证安全的组织措施和技术措施。

3.5 施工用电安全技术档案

建筑施工现场临时用电的安全技术资料，应该有现场的电气技术人员负责建立与管理。但目前施工现场大部分没有配备专职的电气技术人员，即使有也是一个身兼数职或负责多个工地。这种情况下资料可指定工地相关人员保管并与施工现场其他安全资料一起存放。对于平时的维修工作记录，可指定工地电工代管，到工程结束，临时用电工程拆除以后统一归档。

临时用电安全技术档案内容包括：

(1) 现场临时用电施工组织设计的全部资料：从现场勘测得到的全部资料；用电设备负荷的计算资料；变配电所设计资料；配电线路；配电箱及工地接地装置设计的内容；防雷设计；电气设计的施工图等重要资料。

(2) 修改后实施的临时用电施工组织设计的资料，包括补充的图纸、计算资料。

(3) 技术交底资料：

1) 当施工用电组织设计经审核批准后，应向临时用电工程施工人员进行技术交底，交底人与被交底人双方要履行签字手续。

2) 对外电线路的防护，应编写防护方案。

3) 对于自备发电机，应写出安全保护技术措施，绘制联锁装置的接线系统图。

(4) 临时用电工程检查与验收。当临时用电工程安装完毕后，应进行验收。临时用电工程分阶段安装的，应实施分阶段验收，验收一般由项目经理、项目工程师、工长组织电气技术人员、安全员和电工共同进行。对查出的问题、整改意见都要记录下来，并填写“临时用电工程检查验收表”。对存在的问题，限期整改完成以后，再组织验收。合格后，填写验收意见和验收结论，参加验收者应签字。

（5）电气设备的调试、测试、检验资料：

1）现场有高压设备时，变压器的各种试验结果；油开关、贫油开关的试验结果；高压绝缘子的试验报告以及高压工具的试验结果等资料。

2）自备发电机时，发电机的试验结果。

3）各种电气设备的绝缘电阻测定记录。

4）漏电保护器的定期试验记录。

（6）接地电阻、绝缘电阻和漏电保护器漏电动作参数测定记录。

（7）定期检查表。可采用《建筑施工安全检查评分标准》（JGJ 59—2011）中的“施工用电检查评分表”。

（8）电工维修工作记录。电工在对临电工程进行维修工作后，应及时认真做好记录，注明日期、部位和维修的内容，并妥善保管好所有的维修记录。临电工程拆除后交负责人统一归档。

4 施工现场的进户装置

施工现场的电源，大都取自施工现场以外的电力线路即外电线路，也有施工现场因远离电力线路、不便取用外电而采用柴油发电机组作为自备电源。当然也有两者兼而有之的，将柴油发电机组作为外电线路停电时的备用电源。采用外电线路也有两种方式，一是直接取用220/380V市电，二是取用高压电力，通过设置电力变压器将高压电变换成低压电使用。

4.1 配电室的位置及布置

4.1.1 配电室的位置选择原则

不管采用何种取电方式，取下来的电源都需要通过配电室再分配给所有的现场用电设备。正确地选择配电室的位置，将使施工现场的配电系统得到合理的布局和安全的运行，并能提高供电质量。配电室的选址应符合下列原则：

（1）配电室应尽量靠近负荷中心和电源，以减少配电线路的线缆长度并减小导线截面，进而提高配电质量，同时还能使配电线路清晰，便于检查、维护，节约投资；

（2）进出线方便，且便于电气设备的搬运；

（3）尽量设在污染源的上风侧，以防止因空气污秽而引起电气设备绝缘、导电水平下降；

（4）尽可能避开多尘、振动、高温、潮湿等环境场所，以防止尘埃、潮气、高温对配电装置的导电、绝缘部分的侵蚀，以及振动对配电装置运行的影响；

（5）不应设在容易积水的地方以及它的正下方。

4.1.2 配电装置的布置

配电室一般为相对独立的建筑物，内置配电装置，配电屏是常用的配电装置。由于配电屏是经常带电的配电装置，为保障其运行安全和检查、维修安全，必须按下述要求设置配电屏：

（1）配电屏与其周围应保持可靠的电气安全距离。配电屏正面的操作通道宽度：单列布置时不应小于 1.5m，双列布置时不应小于 2m（图 4-1、图 4-2）；配电屏后面的维护、检修通道宽度：不应小于 0.8m，在建筑物的个别结构凸出部位，宽度允许减小为 0.6m，若通道两面都有设备，宽度不应小于 1.5m（图 4-3、图 4-4）。

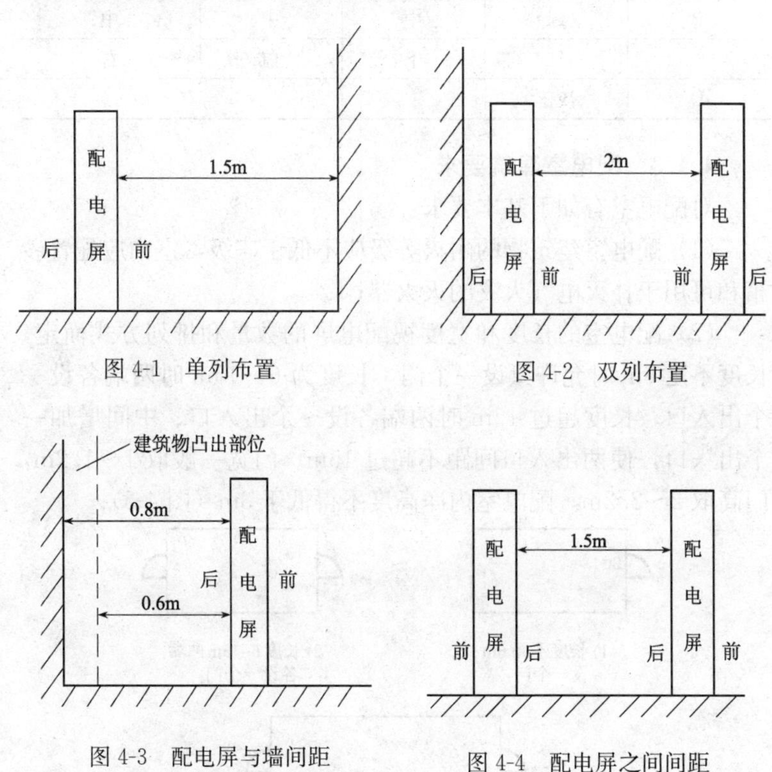

图 4-1 单列布置

图 4-2 双列布置

图 4-3 配电屏与墙间距

图 4-4 配电屏之间间距

（2）为防止人员误碰带电的裸导体部分而造成触电，规定配电设备的裸导电部分离地高度不得低于 2.5m，若低于 2.5m 应加装遮护罩。遮护材料可用网孔不大于 20mm×20mm 的钢丝网或无孔的铁板或绝缘板。网式遮护至裸导体的距离不应小于

75mm，无孔板式遮护至裸导体的距离不应小于 50mm，遮护围栅高度不应低于 1.9m。

（3）母线均应涂刷有色油漆，其涂色应符合表 4-1 的规定（以屏的正面方向为准）。

母线涂色表 **表 4-1**

相别	颜色	垂直排列	水平排列	引下排列
A	黄	上	后	左
B	绿	中	中	中
C	红	下	前	右
D	淡蓝			

4.1.3 配电室建筑要求

对配电室有如下基本要求：

（1）配电室建筑物的耐火等级应不低于三级，室内应配置砂箱和可用于扑灭电气火灾的灭火器；

（2）配电室的长度和宽度视配电屏的数量和排列方式而定，长度不足 6m 时允许只设一个门，长度为 6～15m 时两端各设一个出入口，长度超过 15m 时两端各设一个出入口、中间增加一个出入口，使两出入口间距不超过 15m。门宽一般取 1～1.2m，门高取 2～2.2m。配电室内净高度不得低于 3m（图 4-5）；

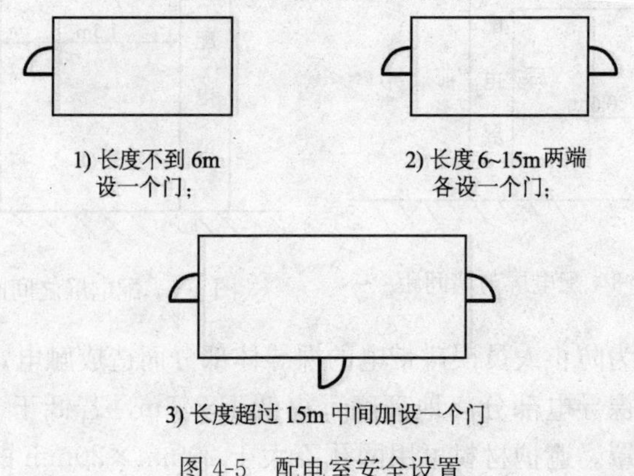

图 4-5 配电室安全设置

（3）配电室应做到防火、防雨雪、防潮汛、防小动物和通风良好；

（4）配电室门应向外开启并设置锁具。

4.1.4 配电装置和配电间的安全技术措施

配电室的作业应遵循下列安全技术措施：

（1）成列的配电屏两端应与重复接地线和专用保护零线作电气联接，以实现所有配电屏正常不带电的金属部件为大地等单位的等位体。

（2）配电屏上的各条线路均应统一编号，并作出用途标记，以便于运行管理、安全操作。

（3）配电屏应装设短路、过负荷、漏电等电气保护装置，电源隔离开关分断时应有明显可见分断点。

（4）配电屏或配电线路检修时，应停电并在受停电影响的各配电箱和开关箱处悬挂"禁止合闸、有人工作"标志牌，以免停、送电时发生误操作。

（5）配电室的地坪上应敷设绝缘垫，配备绝缘用具、灭火器材等安全用品，并须配置停电检修用的接地棒。

（6）配电室应分别设置用于正常照明和事故照明的照明灯，其开关应设在门外或进门处。

（7）配电室门外及室内应设置安全警示标志，室内不得堆放杂物，保持通道畅通，并不得带进食物。

图4-6、图4-7分别为施工现场总配电箱、配电屏的布置。

图4-6　总配电箱的布置

图 4-7　配电屏的布置

4.2　自备电源

所谓自备电源是有些施工现场常因外电线路电力供应不足或其他原因而停止供电，使施工受到影响。有的施工现场备有发电机组，作为外电线路停止供电时的接续供电电源。

由此，就存在一个自备发配电系统如何设置以及与已设的临时用电工程如何联络的问题。

4.2.1　自备发电机室的位置选择

自备发电机组作为一个持续供电电源，其位置选择应与配电室的位置选择遵循基本相同的原则，与配电室的位置相邻，便于与已设临时用电工程联络，达到安全、经济、合理的要求。

自备发电机室的布置有如下要求：

（1）发电机组一般应设置在室内，以免风、沙、雨、雪以及强烈阳光对其侵害。

（2）发电机及其控制、配电、修理室等应分开设置，也可合并设置，但都应保证电气安全距离并满足防火要求。

（3）发电机组的排烟管道必须伸出室外，相关的室内或周围地区严禁存放贮油桶等易燃、易爆物品。

（4）作为发电机的原动机运行需要临时放置的油桶应单独设置贮油室。

4.2.2 自备发配电线路与发配电系统

自备发电机电源与外电线路电源在电气上必须联锁，严格禁止它们之间并列运行。这是因为自备发电机电源与外电线路电源内阻抗一般是不匹配的，并且难以保持同期。

自备发配电系统的接地、接零系统应独立设置，以实现与外电线路的电气隔离；防止外电线路低压电力变压器的高压侧反馈送电，造成危险。此种情况在外电线路电源变压器高压侧拉闸断电、自备发电机组投入运行时极易发生。

由于施工现场临时用电工程按规定采用了电源中性点直接接地，具有专用保护零线的三相四线制系统，所以为了充分利用已设临时供配电系统，由自备电源供电的自备发配电系统亦应采用电源中性点直接接地的，并具有专用保护零线的三相四线制系统。

根据以上所述，自备发配电系统线路原理如图4-8。

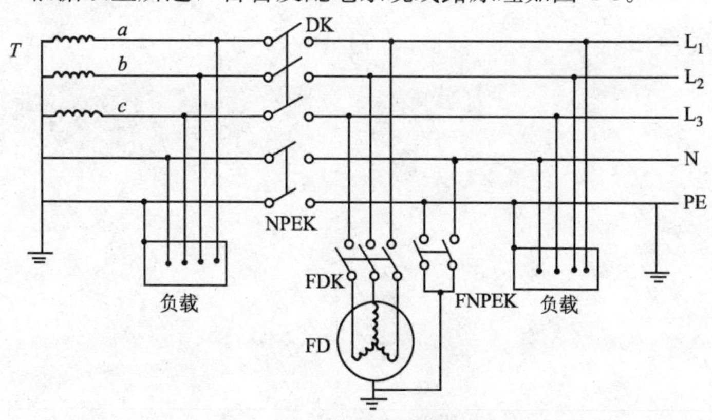

图4-8　自备发配电系统线路原理图

在图 4-8 所示线路中表明，在外电线路高压侧拉闸断电后，自备发电机组投入运行前，必须先将开关 DK 和 NPEK 拉闸断开，然后再依次将 FNPEK 和 FDK 开关合闸，使发电机组投入运行，以实现自备发电机供配电系统与外电线路的电气隔离，并体现其接地、接零系统设置的独立性。

5 施工现场对外电线路的安全防护

在施工现场往往除了因现场施工需要而敷设的临时用电线路以外，还有原来就已经存在的高压或低压电力线路，这在城市道路旁的建筑工程几乎都要遇到不同的电力线路，这些不为施工现场专用的原有电力线路统称为外电线路。

外电线路一般为架空线路，也有个别施工现场会遇到地下电缆线路，甚至有两者都存在的情况发生，如果在建工程距离外电线路较远，那么外电线路不会对现场施工构成很大威胁。而有些外电线路紧靠在建工程，则在现场施工中常常会造成施工人员搬运物料或操作过程中意外触碰外电线路，甚至有些外电线路在塔吊的回转半径范围内，那外电线路就给施工安全带来了非常不安全的因素，极易酿成触电伤害事故。同时在高压线附近，即使人体还没有触及线路，由于高压线路邻近空间高电场的作用，对人体仍然会构成潜在的危害和危险。

为了确保现场的施工安全，防止外电线路对施工的危害，在建工程的现场各种设施与外电线路之间必须保持可靠的安全距离，或采取必要的安全防护措施。

5.1 施工现场对外电线路的安全距离

所谓安全距离是指带电导体与其附近接地的物体、地面不同极（或相）带电体以及人体之间必须保持的最小空间距离或最小空气间隙。《施工现场临时用电安全技术规范》（JGJ 46—2005）规定在架空线路的下方不得施工，不得建造临时建筑设施，不得堆放构件、材料等。当在架空线路一侧作业时，必须保持安全距离。

在施工现场，安全距离包含了两个因素：一是必要的安全距离，在高压线路附近，存在着强电场，周围导体产生电感应，周围空气被极化，线路电压等级越高，相应的电感应和电极化也越强，因而随着电压等级的增加，安全距离也要相应增加；二是安全操作距离，在施工现场作业过程中，特别是搭设脚手架过程中，一般脚手钢管都较长，如果与外电线路的距离过短，操作中的安全就无法保障，所以这里的安全距离在施工现场就变成安全操作距离了。除了必要的安全距离外，还要考虑作业条件的因素，所以距离又加大了。

施工现场的安全操作距离主要是指在建工程（含脚手架具）的外侧边缘与外电架空线路的边线之间的最小安全操作距离和施工现场的机动车道与外电架空线路交叉时的最小安全垂直距离。对此，《施工现场临时用电安全技术规范》（JGJ 46—2005）作了具体规定，表 5-1 是在建工程（含脚手架具）的外侧边缘与外电架空线路的边线之间的最小安全操作距离（图 5-1）。

表 5-2 是施工现场的机动车道与外电架空线路交叉时的最小垂直距离（图 5-2）。

在建工程（含脚手架具）外侧边缘与外电架空线路边线之间的最小安全操作距离　　表 5-1

外电线路电压(kV)	1 以下	1～10	35～110	220	330～500
最小安全操作距离(m)	4	6	8	10	15

注：上下脚手架的斜道不宜搭设在有外电线路的一侧。

施工现场机动车道与外电架空线路交叉时的最小垂直距离　　表 5-2

外电线路电压(kV)	1 以下	1～10	35
最小垂直距离(m)	6	7	7

上述两表的数据不仅考虑了静态因素，而且还考虑了施工现场实际存在的动态因素，而且还可用图 5-1、图 5-2 来帮助理解，例如在建工程搭设脚手架具时，脚手架杆延伸至架具以外的操作

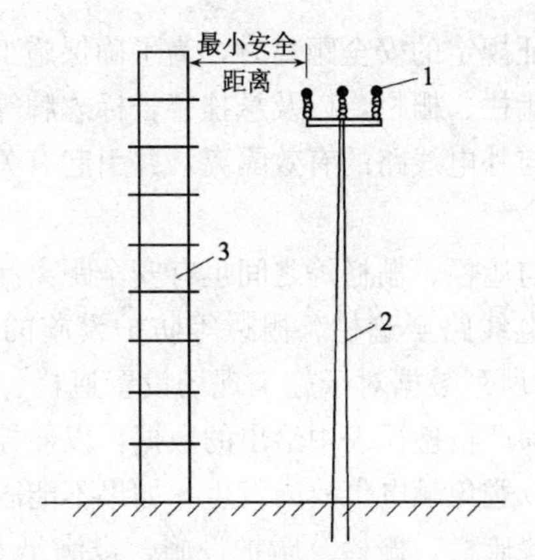

图 5-1　外电架空线路电杆最小安全距离

1—外电架空线路；2—外电架空线路电杆；3—在建工程

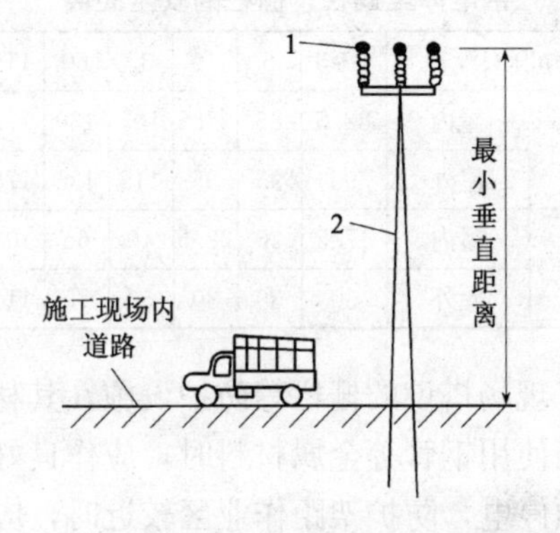

图 5-2　外电架空线路电杆最小垂直距离

1—外电架空线路；2—外电架空线路电杆

因素等，严格遵守上述两表所规定的安全操作距离，就能可靠的防止由于施工操作人员接触或过分靠近外电线路所造成的触电伤害事故。

5.2　施工现场对外电线路的防护措施

由于施工现场的位置往往不是可以任意选择的，当施工现场的位置无法保证规定的安全距离时，为了确保施工安全，必须采取设置防护性遮栏、栅栏，以及悬挂警告标志牌等防护措施，以实现施工作业与外电线路的有效隔离，并引起有关施工作业人员的注意。

外电线路与遮栏、栅栏等之间也有安全距离问题，各种不同电压等级的外电线路至遮栏、栅栏等防护设施的安全距离如表5-3所示。表中所列数据对于施工现场设置遮栏、栅栏时有重要参考价值，必须严格遵循表中给出的数据，以便控制可靠的安全距离，否则难以避免触电事故的发生。如果不能满足表中的安全距离，即使设置遮栏、栅栏等防护设施，也满足不了安全要求，无防护意义，在这种情况下不得强行施工。

带电体至遮栏、栅栏的安全距离　　表5-3

外电线路的额定电压(kV)		1～3	6	10	35	60	110	220	330	500
线路边线至栅栏的安全距离(cm)	屋内	82.5	85	87.5	105	130	170			
	屋外	95	95	95	115	135	175	265	450	
线路边线至网线遮拦的安全距离(cm)	屋内	17.5	20	22.5	40	65	105			
	屋外	30	30	30	50	70	110	190	270	500

此外，施工现场搭设的栅栏等防护设施，其材料应使用木质等绝缘材料，当使用钢管等金属材料时，应作良好的接地。搭设和拆除时，必须停电，防护架距作业区较近时，应用硬质绝缘材料封严，防止脚手管、钢筋等误穿越而引起触电事故。

当架空线路在塔式起重机的回转半径范围内时，在架空线路的上方及两侧也应有防护措施，防护设施应搭设成门形，按表5-3所示数值保持安全距离，其顶部可用5cm厚木板或相当5cm木板强度的材料盖严。为对起重机的作业起警示作用，在防护架上端应间断设置小彩旗，夜间施工应有红色警示灯示警，其电源电压应为36V（图5-3）。

总之，加强对外电线路的防护，保证施工因受外电线路而危及安全的因素降至最低程度，是施工现场每个电气工作人员必须

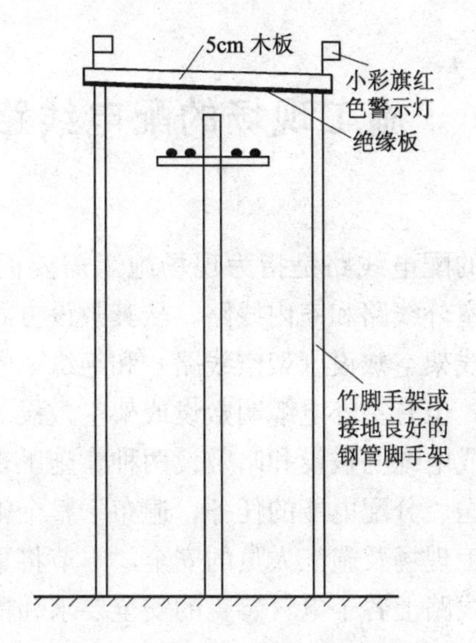

图 5-3　门形防护设施搭设示意图

重视的大问题，更要认真地处理好。

6 施工现场的配电线路

施工现场的配电线路是指为现场施工需要而敷设的配电线路，一般包括室外线路和室内线路。从其敷设方式看，室外线路主要有绝缘导线架空敷设（架空线路）和绝缘电缆埋地敷设（电缆线路）两种，也有室外电缆明敷设或架空敷设的。室内线路通常有绝缘导线或电缆明敷设和暗敷设两种。施工现场的配电线路担负着现场输送、分配电能的任务，遍布于整个施工现场，它的安全关系着施工现场及施工人员的安全，本节将集中阐述配电线路施工及配电线路上各个电气装置的安全要求和措施。

6.1 电线和电缆简介

电线和电缆的选择，是施工现场临时用电配电线路设计的重要内容，选择的合理与否直接影响到有色金属消耗量与线路投资，以及电网的安全经济运行。

由于施工现场的配电线路，无论是在室外还是在室内，都必须采用绝缘电线和电缆，因此本书仅介绍绝缘电线和电缆。

6.1.1 电线

施工工地上常用的绝缘电线一般有橡皮绝缘和塑料绝缘两种，其型号及性能参数见表 6-1。

常用绝缘电线性能参数表　　表 6-1

型号		名称	性能及用途	标称截面
铜芯	铝芯			
BXF	BLXF	氯丁橡皮绝缘电线（一般为单芯）	具有抗油性，不易霉、不延燃，耐日晒，耐寒耐热，耐腐蚀，耐大气老化，制造工艺简单等优点，适用于室外及穿管敷设，用于架空敷设比普通橡皮线具有明显的优越性，在有易燃物的场所应优先选用。适用交流 500V 及以下或直流 1000V 及以下，长期允许工作温度不超过 65℃	0.75，1.0，1.5，2.5，4，6，10，16，25，35，50，70，95

续表

型号		名称	性能及用途	标称截面
铜芯	铝芯			
BV	BLV	聚氯乙烯绝缘电线（一般为单芯）	耐油、耐燃，可用于潮湿的室内，作固定敷设之用。仅可用于室内明配或穿管暗配，不得直接埋入抹灰层内暗配敷设，不可用于室外。适用交流500V及以下或直流1000V及以下，长期允许工作温度不超过65℃	1.5,2.5,4,6,10,16,25,35,50,70,95
BVV	BLVV	聚氯乙烯绝缘聚氯乙烯护套电线（一芯、二芯、三芯）	耐油、耐燃，可用于潮湿的室内，作固定敷设之用。仅可用于室内明配或穿管暗配，不得直接埋入抹灰层内暗配敷设，不可用于室外。适用交流500V及以下或直流1000V及以下，长期允许工作温度不超过65℃	铜:0.75,1.0,1.5,2.5,4,6,10 铝:1.5,2.5,4,6,10,16,25,35
BVB	—	聚氯乙烯绝缘电线（一般为单芯）	适用于室内，作仪表、开关连接之用以及要求柔软电线之处。适用交流500V及以下或直流1000V及以下，长期允许工作温度不超过65℃	0.75,1.0,1.5,2.5,4,6,10,16,25,35,50

6.1.2 电缆

施工工地上常用的绝缘电缆一般也有橡皮绝缘和塑料绝缘两种，其型号及性能参数见表6-2。

常用绝缘电缆性能参数表　　表6-2

型号		名称	性能及用途	标称截面
铜芯	铝芯			
VV	VLV	聚氯乙烯绝缘聚氯乙烯护套电力电缆（一至四芯）	敷设在室内、隧道内、管道中，不能承受机械外力。适用于交流0.6/1.0kV级以下的输配电线路中，长期工作温度不超过65℃，环境温度低于0℃敷设时必须预先加热，电缆弯曲半径不小于电缆外径的10倍	一芯时为1.5～500 二芯时为1.5～150 三芯时为1.5～300 四芯时为4～185
XV	XLV	橡皮绝缘聚氯乙烯护套电力电缆（一至四芯）	敷设在室内，电缆沟内及管道中，不能承受机械外力作用。适用于交流6kV级以下输配电线路中作固定敷设，长期允许工作温度不超过65℃，敷设温度不低于−15℃，弯曲半径不小于电缆外径的10倍	XV一芯时为1～240 XLV一芯时为2.5～630 XV二芯时为1～185 XLV二芯时为2.5～240 XV三至四芯时为1～185 XLV三至四芯时为2.5～240

续表

型号		名称	性能及用途	标称截面
铜芯	铝芯			
XF	XLF	橡皮绝缘氯丁护套电力电缆（一至四芯）	敷设在室内，电缆沟内及管道中，不能承受机械外力作用。适用于交流6kV级以下输配电线路中作固定敷设，长期允许工作温度不超过65℃，敷设温度不低于－15℃，弯曲半径不小于电缆外径的10倍	同上
YQ YQW	—	轻型橡套电缆（一至三芯）	连接交流250V及以下轻型移动电气设备，YQW型具有耐气候和一定的耐油性能	0.3～0.75
YZ YZW	—	中型橡套电缆（一至四芯）	连接交流500V及以下轻型移动电气设备，YZW型具有耐气候和一定的耐油性能	0.5～6
YC YCW	—	重型橡套电缆（一至四芯）	接交流500V及以下轻型移动电气设备，YCW型具有耐气候和一定的耐油性能	2.5～120

在上述电缆中，橡套电缆一般应用于连接各种移动式用电设备，而工地配电线路的干、支线一般采用各种电力电缆。

6.2 导线截面的选择

6.2.1 导线截面的选定

电线和电缆的型号应根据其所处的电压等级和使用场所来选择，截面则应按下列原则进行选择：

（1）按发热条件选择：在最大允许连续负荷电流下，导线发热不超过线芯所允许的温度，不会因过热而引起导线绝缘损坏或加速老化。

（2）按机械强度条件选择：在正常工作状态下，导线应有足够的机械强度，以防断线，保证安全可靠运行。导线最小允许截面见表6-3。

（3）按允许电压损失选择：导线上的电压损失应低于最大允许值，以保证供电质量。各种用电设备端允许的电压偏移见表6-4。

（4）单相回路中的中性线截面与相线截面相同，三相四线制的中性线截面和专用保护零线的截面不小于相线截面的50%。

按机械强度要求的导线最小允许截面　　表6-3

用途	线芯最小截面(mm^2)	
	铜线	铝线
照明用灯头引下线：		
1. 室内	0.5	2.5
2. 室外	1.0	2.5
架设在绝缘支持件上的绝缘导线，其支持点间距为：		
1. 2m及以下，室内	1.5	10
室外	2.5	10
2. 6m及以下	4	10
3. 16m及以下	6	10
4. 25m及以下	××	10
使用绝缘导线的低压接户线：		
1. 档距10m以下	2.5	4
2. 档距10～25m	4	6
穿管敷设的绝缘导线	6	10
架空线路(1kV以下)		
1. 一般位置	10	16
2. 跨越铁路、公路、河流	16	25
电气设备保护零线	2.5	不允许
手持式用电设备电缆的保护零线	1.5	不允许

各种用电设备端允许的电压偏移范围　　表 6-4

用电设备种类及运转条件		允许电压偏移值(%)	
		—	+
电动机		5	5
起重电动机(起动时校验)		15	
电焊设备(在正常尖峰焊接电流时持续工作)		8~10	
照明	室内照明在视觉要求较高的场所 1. 白炽灯 2. 气体放电灯	 2.5 2.5	 5 5
	室内照明在一般工作场所	6	
	露天工作场所	5	
	事故照明、道路照明、警卫照明	10	
	12~36V 照明	10	

（5）室内配线所用导线截面，应根据用电设备的计算负荷确定，但铝线截面不应小于 2.5mm²，铜线截面不小于 1.5mm²。

在按上述不同条件选出的截面中，选择其中的最大值作为我们应该选取的导线截面。其次，当施工现场需要确定导线的直径时，一种方法可用游标卡尺进行测量，另一种可用以下方式测定，如图 6-1 所示：只需量出一定长度（整数值）内的导线圈数，两者相除，即得到导线的直径数值。

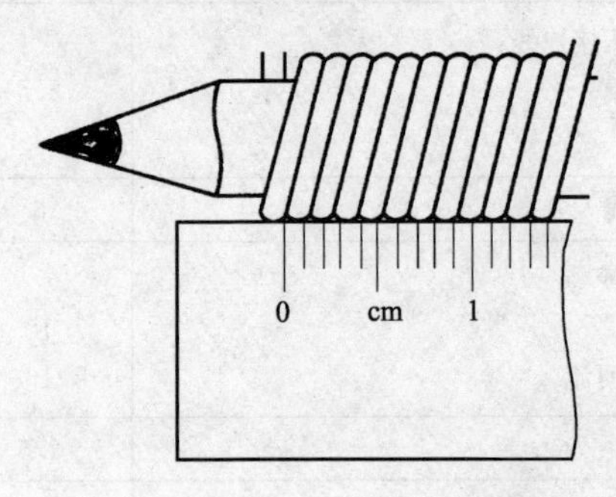

图 6-1　计算导线直径示意图

6.2.2 导线的连接

（1）导线连接应具备的条件

1）导线接头不能增加电阻值。

2）受力导线不能降低原机械强度。

3）不能降低原绝缘强度。

为了满足上述要求，在导线做电气连接时，必须先削掉绝缘层再进行连接，而后加焊，包缠绝缘材料。

（2）剥削绝缘层使用工具及方法

1）剥削绝缘层使用工具：由于各种导线截面、绝缘层厚薄程度、分层多少都不同，因此使用剥削的工具也不同。常用的工具有电工刀、克线钳和剥削钳，可进行削、勒及剥削绝缘层。一般 4mm^2 以下的导线原则上使用剥削钳，但使用电工刀时，不允许采用刀在导线周围转圈剥削绝缘层的方法。

2）剥削绝缘方法：

① 单层剥法：不允许采用电工刀转圈剥削绝缘层，应使用剥线钳（图 6-2）。

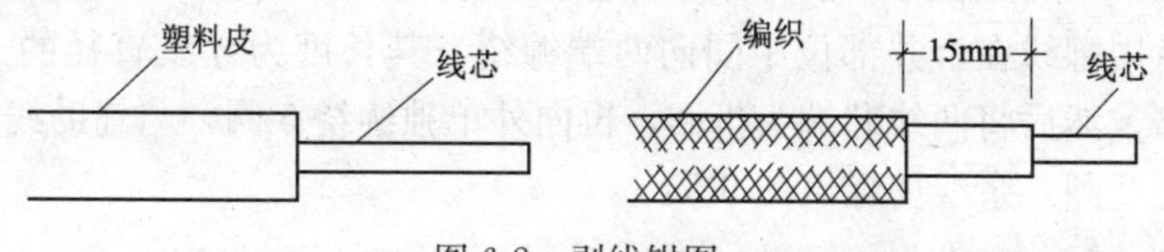

图 6-2　剥线钳图

② 分段剥法：一般适用于多层绝缘导线剥削，如编织橡皮绝缘导线，用电工刀先削去外层编织层，并留有约 12mm 的绝缘层，线芯长度随接线方法和要求的机械强度而定。

③ 斜削法：用电工刀以 45°倾斜切入绝缘层，当切近线芯时就应停止用力，接着应使刀面的倾斜角度改为 15°左右，沿着线芯表面向头端部推出，然后把残存的绝缘层剥离线芯，用刀口插入背部以 45°削断（图 6-3）。

（3）单芯铜导线的直线连接

1）绞接法：适用于 4mm^2 及以下的单芯线连接。将两线互

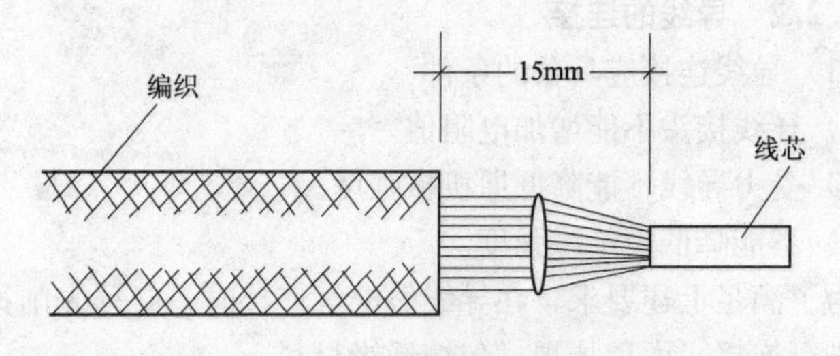

图 6-3　斜削法示意图

相交叉，用双手同时把两芯线互绞两圈后，将两个线芯在另一个芯线上缠绕 5 圈，剪掉余头（图 6-4）。

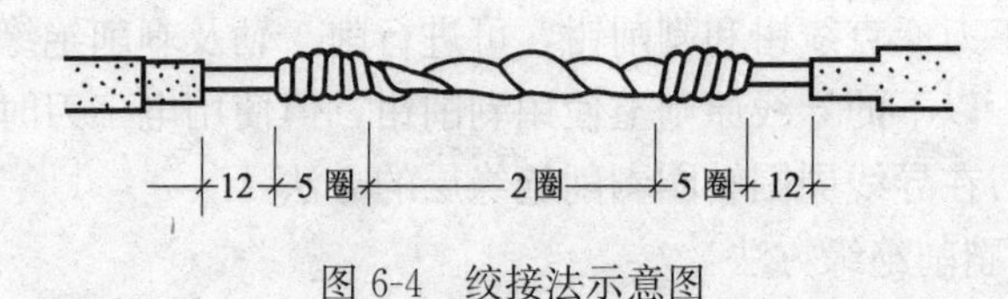

图 6-4　绞接法示意图

2）缠绕卷法：有加辅助线和不加辅助线两种，适用于 $6mm^2$ 及以上的单芯线的直线连接。将两线相互合并，加辅助线后用绑线在合并部位中间向两端缠绕，其长度为导线直径的 10 倍，然后将两线芯端头折回，再向外单独缠绕 5 圈，与辅助线捻绕 2 圈，余线剪除（图 6-5）。

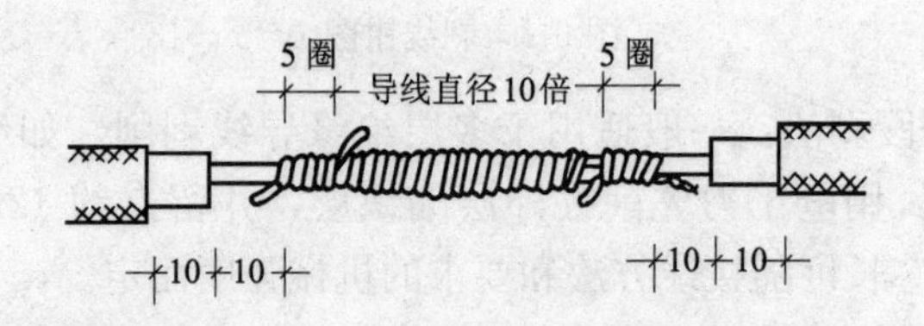

图 6-5　缠绕卷法示意图

（4）单芯铜线的分支连接

1）绞接法：适用于 $4mm^2$ 以下的单芯线。用分支线路的导线往干线上交叉，先打好一个圈结以防止脱落，然后再密绕 5 圈。分线缠绕完后，剪去余线。分线打结连接和小截面分线连接的具体做法见图 6-6。

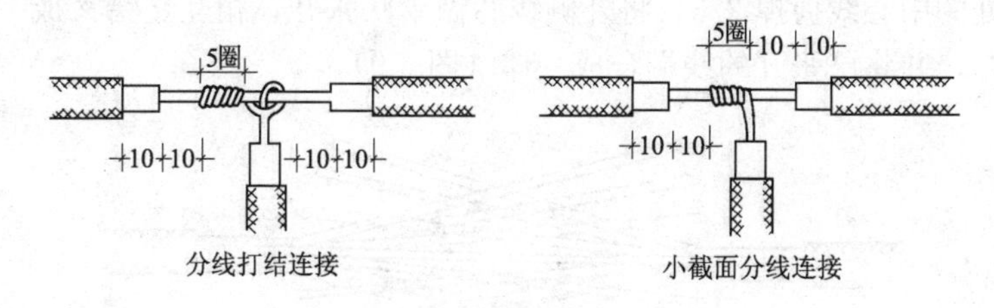

图 6-6 绞接法示意图

2）缠卷法：适用于 6.0mm^2 及以上单芯线的连接。将分支线折成 90°紧靠干线，其公卷的长度为导线直径的 10 倍，单卷缠绕 5 圈后剪断余线（图 6-7）。

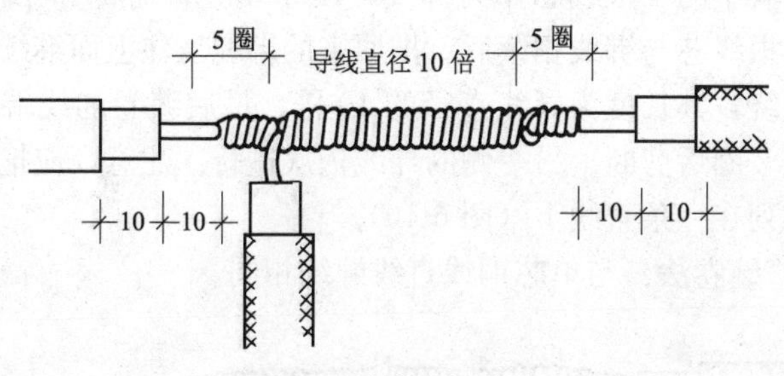

图 6-7 缠卷法示意图

3）十字分支连接法（图 6-8）。

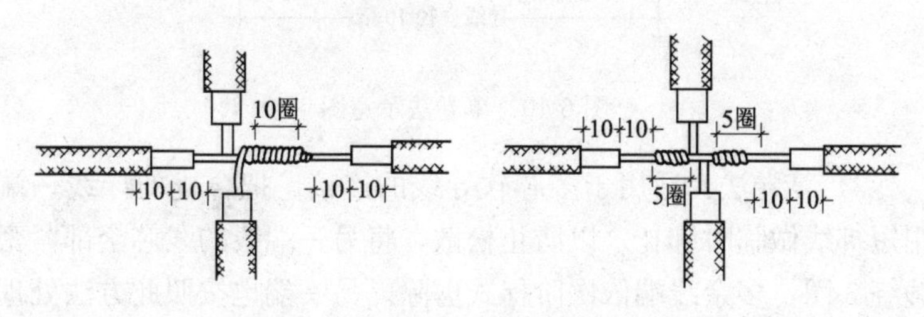

图 6-8 十字分支连接法示意图

（5）多芯铜线直接连接

多芯铜导线的连接共有三种方法，即单卷法、缠卷法和复卷法。首先用细砂布将线芯表面的氧化膜除去，将两线芯导线接合处的中心线剪掉 2/3，将外侧线芯做伞状张开，相互交错叉成一体，并将已张开的线端合成一体（图 6-9）。

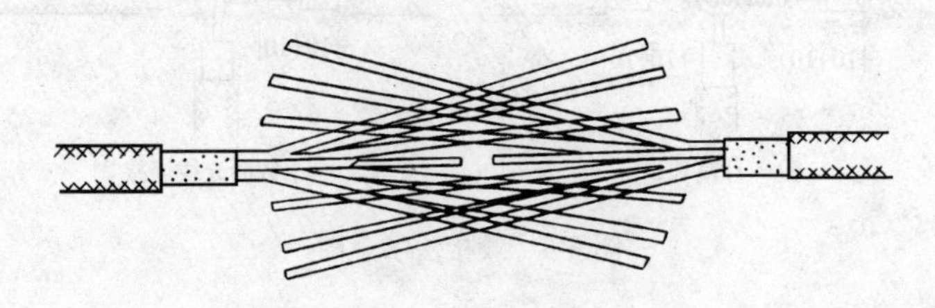

图 6-9　多芯铜线连接示意图

1）单卷法：取任意一侧的两根相邻的线芯，在接全处中交叉，用其中的一根线芯作为绑线，在导线上缠绕 5～7 圈后，再用另一根线芯与绑线相续后。把原来的绑线压住上面继续按上述方法缠绕，其长度为导线直径的 10 倍，最后缠卷的线端与一条线捻绞 2 圈后剪断。另一侧的导线依次进行。注意，应把线芯相绞处排列在一条直线上（图 6-10）。

2）缠卷法：与单芯铜线直线缠绕相同。

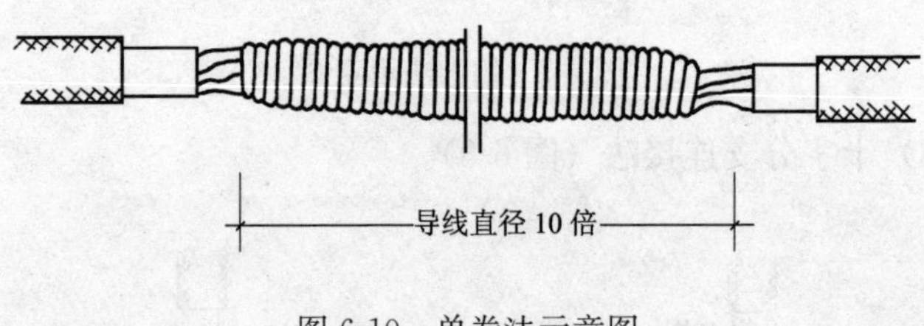

图 6-10　单卷法示意图

3）复卷法：适用于多芯软导线的连接。把合拢的导线一端用短绑线做临时绑扎，以防止松散，将另一端线的线芯全部紧密缠绕 3 圈，多余线端依次阶梯式剪除。另一端也按照此方法处理（图 6-11）。

（6）多芯铜导线分支连接

1）缠卷法：将分支线折成 90°紧靠干线。在绑线端部适当

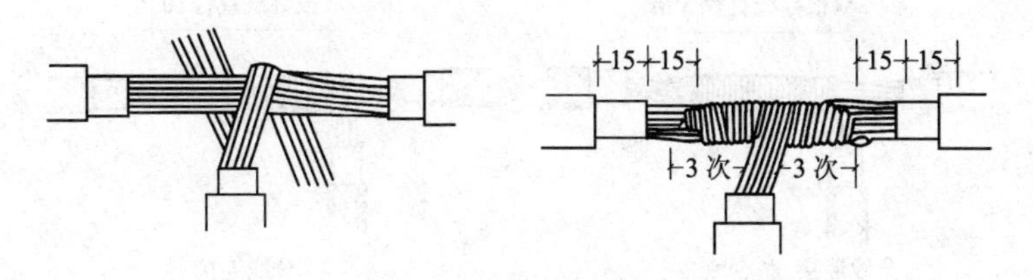

图 6-11 复卷法示意图

处弯成半圆形，将绑线短端弯成与半圆形成 90°，并与连接线靠紧，用较长的一端缠绕，其长度应为导线结合处直径的 5 倍，再将绑线两端捻绞 2 圈，剪掉余线（图 6-12）。

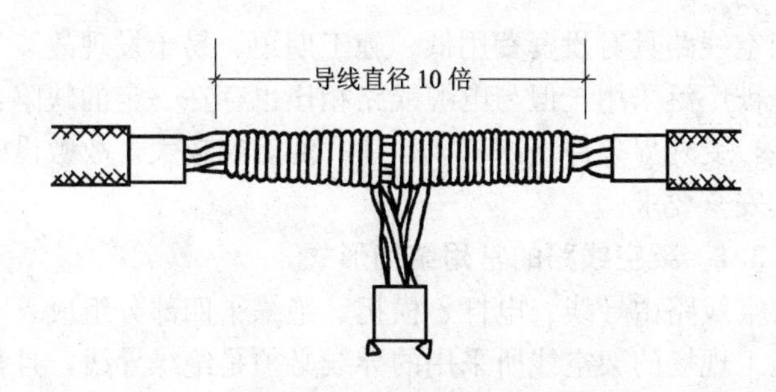

图 6-12 缠卷法示意图

2）单卷法：将分支线破开（或劈开两半），根部折成 90°紧靠干线，用分线其中的一根在干线上缠圈，缠绕 3～5 圈后剪断，再用另一根线芯继续缠绕 3～5 圈后剪断，按此方法直至连接到两边导线直径的 5 倍时为止。应保证各剪断处在同一直线上（图 6-13）。

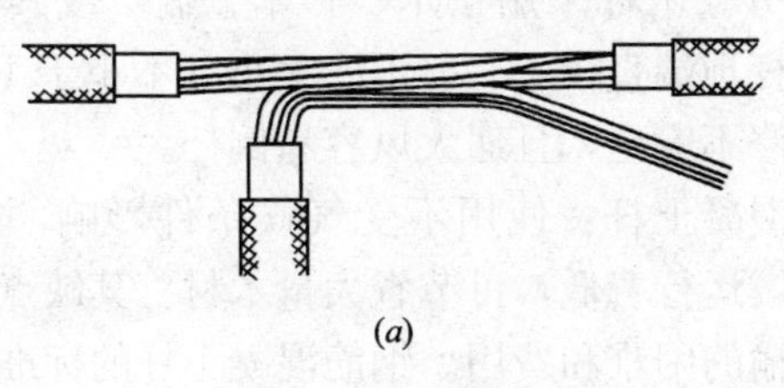

(a)

图 6-13 单卷法示意图

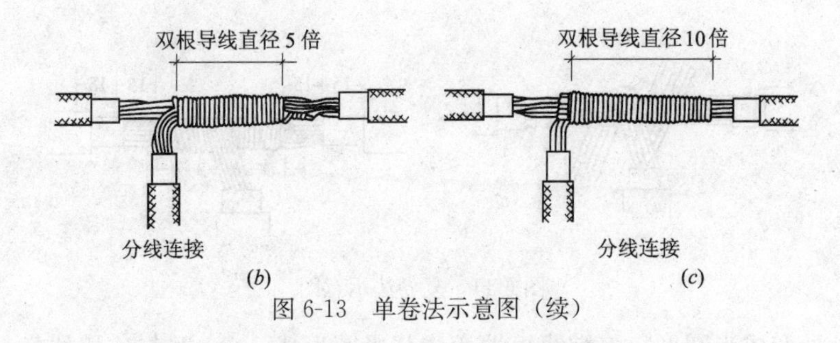

图 6-13　单卷法示意图（续）

6.3　架空线路的架设与敷设形式及安全要求

架空线路具有投资费用低、施工期短、易于发现故障地点等特点，被广泛采用。但与电缆线路相比也存在一定的缺陷：可靠性较差，受外界条件（冰、风、雷）的影响较大，故敷设时更要注意其安全要求。

6.3.1　架空线路的常用结构形式

架空线路由导线、电杆、横担、绝缘子四部分组成。

施工现场的架空线所采用的导线必须是绝缘导线，且都采用多股线，因多股线韧性比单股线好。

电杆是用来支持绝缘子和导线的，并保持导线对地面有足够的高度，以保证人身安全。为防止大风季节里电杆折断，要求电杆有足够的强度。常用的电杆有木杆、钢筋混凝土杆。

（1）木杆：价格低，质量轻，易于搬运，施工简便；木材是绝缘材料，能增强线路绝缘水平。其主要缺点是容易腐烂，特别是埋入土中部分。木杆采用松木、杉木、榆木或其他笔直的杂木，梢径（木杆顶端直径）一般不要太小（不小于 130mm），梢径小使登杆维修不安全，且遇大风容易倒杆。

（2）钢筋混凝土杆：使用不受气候条件影响，机械强度较大，维护容易，运行费低，可节省大量木材。其缺点是笨重，增加了施工和运输的困难和费用。钢筋混凝土杆的标准规格，一般有 6m，7m，8m，9m，10m，12m，15m 等几种，梢径有

150mm，170mm，190mm 等几种，可根据需要选用，以上各种电杆的锥度均为 1/75（长度增加 75cm，直径增加 1cm），混凝土杆示意见图 6-14。

电杆的型式（按用途分）见表 6-5。

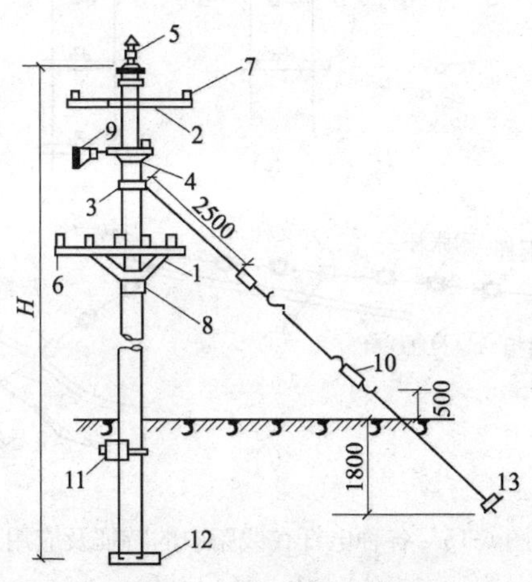

图 6-14　混凝土杆示意图

1—低压五线横担；2—高压二线横担；3—拉线抱箍；4—双横担；5—高压杆顶支座；6—低压针式绝缘子；7—高压针式绝缘子；8—蝶式绝缘子；9—悬式绝缘子或高压蝶式绝缘子；10—花篮螺栓；11—卡盘；12—底盘；13—拉线底盘

电杆型式（按用途分）　　表 6-5

型式		特点
直线型	直线杆（中间杆）	1. 正常情况下不承受沿线路方向较大的不平衡张力； 2. 断线时不能限制事故范围； 3. 紧线时不能用它来支持导线的拉力； 4. 一般不能转角，有的能转不大于 5°的小转角
耐张杆	耐张杆	1. 正常情况下能承受沿线路方向较大的不平衡张力； 2. 断线时能限制事故范围； 3. 紧线时能用以支持导线拉力； 4. 能转不大于 5°的小转角
	转角杆	线路的转角点，转角一般分 30°、45°、60°、90°几种
	终端杆	特点同转角杆，但位于线路的起端和终端，有时因受地形、地面建(构)筑物的限制转角大于 90°
	特殊杆	有跨距杆、换位杆、分支杆等

以上几种电杆见图 6-15。

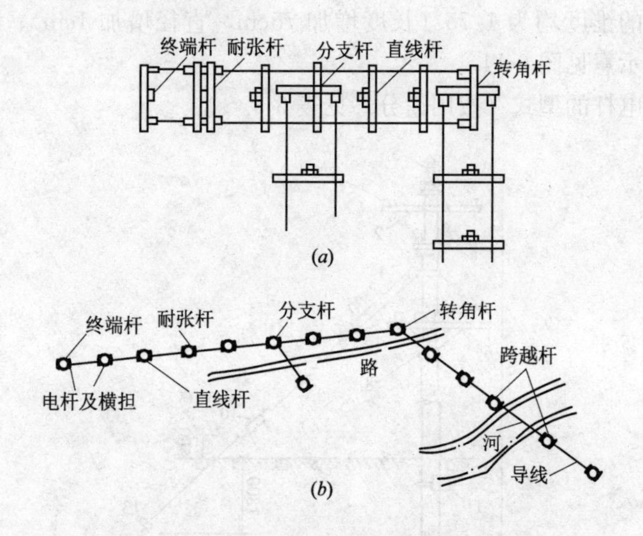

图 6-15 各种电杆在线路中的特征及应用

(a) 特征；(b) 应用

横担的主要作用是固定绝缘子，并使每根导线保持一定距离，防止风吹摆动而造成相间短路。目前采用的有铁横担、木横担、瓷横担等。

绝缘子是支持导线、使导线与地、导线与导线之间绝缘的主要元件。故绝缘子必须有良好的绝缘性能，能承受机械应力，承受气候、温度变化和承受振动而不破碎。

线路绝缘子可分为五大类：

(1) 针式绝缘子：多用于 35kV 及以下，导线截面不太大的直线杆塔和转角合力不大的转角杆塔。

(2) 蝴蝶形绝缘子：用于 10kV 及以下，线路终端、耐张及转角杆塔上，作为绝缘和固定导线之用。

(3) 悬式绝缘子：适用于各级电压线路上。在沿海及污秽地区常采用防污型悬式绝缘子。

(4) 拉紧绝缘子：用于终端杆、承力杆、转角杆或大跨距杆塔上，作为拉线的绝缘，以平衡电杆所承受的拉力。

（5）瓷横担绝缘子：起横担和绝缘子两种作用。

常用绝缘子外形见图 6-16。

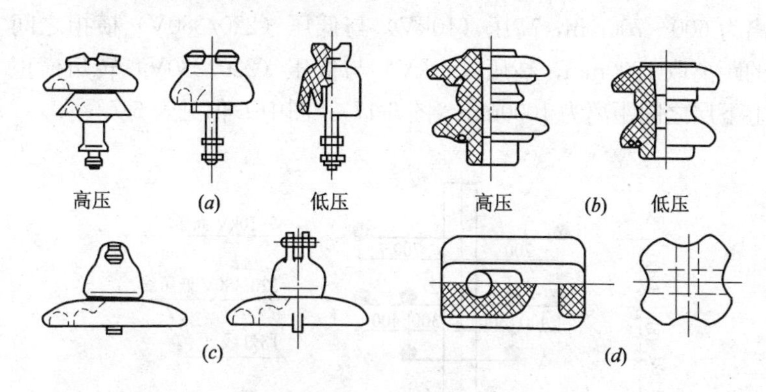

图 6-16　绝缘子外形

（a）针式绝缘子；（b）蝴蝶形绝缘子；（c）悬式绝缘子；（d）拉紧绝缘子

施工现场配电线路绝缘子的选择见表 6-6。

配电线路绝缘子选择表　　　　**表 6-6**

直线杆	转角杆		30°以上转角杆及其他承力杆
	15°及以下	15°～30°	
低压针式绝缘子	低压针式绝缘子	低压双针式绝缘子	低压蝴蝶形绝缘子

6.3.2　架空线路架设与敷设的安全要求

（1）架空线必须采用绝缘导线。

（2）架空线路必须设在专用的电杆上，严禁架设在树木、脚手架上。电杆应埋设在稳固的土质上，避开厚层沙土和低洼、积水场所。

（3）对电杆有如下要求：

1）混凝土杆不得有露筋、宽度大于 4.0mm 的环向裂纹和扭曲，木杆不得腐朽，不得弯曲，根部须涂防水涂料或烧焦处理，梢径不应小于 40mm。

2）杆顶和横担所占位置：顶部一般留 100～300mm，两个横担之间的距离取决于线路电压等级，低压（380V）横担之间的距离为600mm，低压转角横担上下层之间距离为300mm，高压（10kV）横担之间的距离为1200mm，高压转角横担上下层之间距离为600～700mm，高压（10kV）与低压（220/380V）横担之间的距离取1200mm，高压（10kV）与低压（220/380V）转角横担上下层之间距离为1000mm（图6-17），图中L值见表6-7。

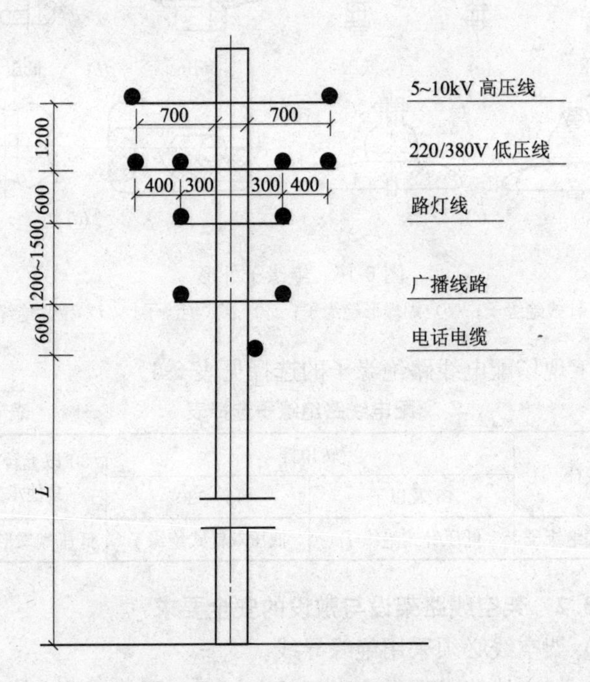

图6-17　电杆架设总装示意图

图6-17中的L值　　　　**表6-7**

最低一层线路对地面最小距离L(m)	线路种类	沿路平行	跨越道路
	广播或电话电缆线路	3.5	5.0
	低压电力、照明线路	5.0～6.0	6.0～7.0

3）弧垂：即架空线下垂的距离（图6-18）。为了防止在刮风时导线碰线或导线离地过近，弧垂不能过大，同时为了防止导

线受拉应力过大而将导线拉断，弧垂也不能过小，架空线的弧垂与邻近线路和设施的最小距离见表 6-8。

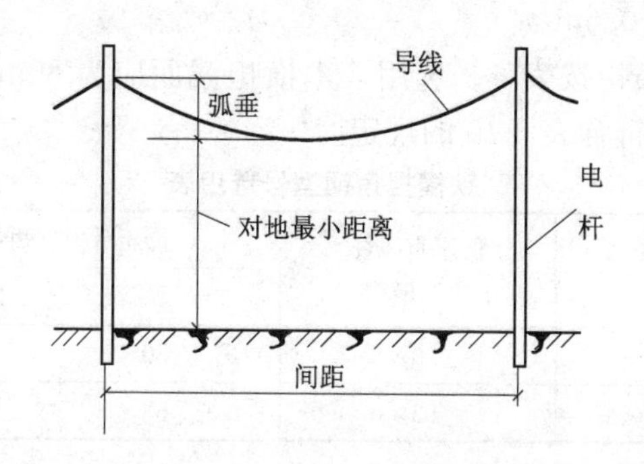

图 6-18　架空线路的档距和弧垂

架空线路与邻近线路或设施的距离　　表 6-8

<table>
<tr><td>项目</td><td colspan="7">邻近线路或设施</td></tr>
<tr><td rowspan="2">最小净空距离(m)</td><td colspan="2">过引线、接下线与邻线</td><td colspan="2">架空线与拉线电杆外缘</td><td colspan="3">树梢摆动最大时</td></tr>
<tr><td colspan="2">0.13</td><td colspan="2">0.05</td><td colspan="3">0.5</td></tr>
<tr><td rowspan="3">最小垂直距离(m)</td><td rowspan="2">同杆架设下方的广播线路通信线路</td><td colspan="3">最大弧垂与地面</td><td rowspan="2">最大弧垂与暂设工程顶端</td><td colspan="2">与邻近线路交叉</td></tr>
<tr><td>施工现场</td><td>机动车道</td><td>铁路轨道</td><td>1kV 以下</td><td>1～10kV</td></tr>
<tr><td>1.0</td><td>4.0</td><td>6.0</td><td>7.5</td><td>2.5</td><td>1.2</td><td>2.5</td></tr>
<tr><td rowspan="2">最小水平距离(m)</td><td colspan="2">电杆至路基边缘</td><td colspan="2">电杆至铁路轨道边缘</td><td colspan="3">边线与建筑物凸出部分</td></tr>
<tr><td colspan="2">1.0</td><td colspan="2">杆高＋3.0</td><td colspan="3">1.0</td></tr>
</table>

4）埋地深度：电杆埋设深度与土质有关，对一般土壤的电杆，其埋深为电杆长度的 10％＋0.6m，但在松软土质处应适当加大埋设深度或采用卡盘等加固。

5）电杆档距：两个电杆之间的水平距离成为电杆档距。架空线路的电杆档距不得大于 35m，工地上根据导线截面与机械强度一般控制在不大于 20m。

（4）对横担有如下要求：

1）施工现场一般采用铁横担和木横担，宜采用角钢或木方。导线间距离：对于用针式绝缘子的1kV以下线路为0.3m，对于3～10kV为0.6m。

2）铁横担按表6-9选用，木横担截面应为80mm×80mm，横担长度应符合表6-10的规定。

铁横担角钢型号选用表　　表6-9

导线截面（mm^2）	低压直线杆角钢横担	低压承力杆角钢横担	
		二线及三级	四线及以上
16～50	∠50×5	2×∠50×5	2×∠63×5
70～120	∠63×5	2×∠63×5	2×∠70×6

横担长度选用表　　表6-10

横　担　长　度　（m）		
二线	三线、四线	五线
0.7	1.5	1.8

3）直线杆和15°以下的转角杆，可采用单横担，但跨越机动车道时应采用单横担双绝缘子，15°～45°的转角杆应采用双横担双绝缘子，45°以上的转角杆应采用十字横担。

4）横担安装位置应符合下列要求：直线杆横担应安装在负荷侧，终端杆、转角杆、分支杆以及导线张力不平衡处的横担应装在张力的反方向侧，直线电杆多层横担应装设在同一侧。

（5）对电杆拉线有如下要求：

1）线路转角在45°及以下时，可以装设合力拉线，即在原线路和转角后线路夹角的角平分线合力的反方向打一条拉线；45°以上转角时，应分别沿两方向线路张力的反方向各打一条拉线，双排以上横担时，根据需要可以打V形拉线（共同拉线）。分支杆拉线应装设在电杆受张力的反方向侧。

2）拉线宜采用镀锌铁线，其截面不得小于3×ϕ4.0，拉线与电杆的夹角应在45°～30°之间，拉线埋设深度不得小于1m，钢筋混凝土杆上的拉线应在高于地面2.5m处装设拉紧绝缘子。

3）拉线必须在装设导线之前打好。

4）因受地形环境限制不能装设拉线时，可用撑杆代替拉线，撑杆埋深不得小于0.8m，其底部应垫底盘或石块，撑杆与主杆的夹角宜为30°。

（6）对绝缘子的选择有如下要求：

1）直线杆采用针式绝缘子，具体有：PD-1-3，3号低压针式绝缘子，适用$16mm^2$及以下的导线；PD-1-2，2号低压针式绝缘子，适用$25 \sim 35mm^2$的导线；PD-1-1，1号低压针式绝缘子，适用$50mm^2$以上的导线。

2）耐张杆采用蝴蝶形绝缘子，又称低压茶台，始、终杆上也采用蝴蝶形绝缘子。

3）另有PD-1M、PD-2M木担直脚针式绝缘子，适用于木横担，其脚长，可穿过木横担用螺母固定。

（7）对架空导线的相序排列有如下要求：

1）工作零线与相线在同一横担上架设时，面向负荷从左侧起依次为：L1、N、L2、L3。

2）工作零线、保护零线与相线在同一横担上架设时，面向负荷从左侧起依次为：L1、N、L2、L3、PE。

3）动力线、照明线在两个横担上分别架设时，上层横担面向负荷从左侧起依次为：L1、L2、L3，下层横担面向负荷从左侧起依次为：L1（L2、L3）、N、PE，在两个横担上架设时，最下层横担面向负荷，最右边的导线为保护零线PE。

4）各相相色：L1（黄）、L2（绿）、L3（红）、N（淡蓝）、PE（黄绿双色）。

（8）对导线在绝缘子上的固定有如下要求：

1）导线在针式绝缘子上固定时，有顶槽的针式绝缘子宜放在顶槽内，无顶槽的针式绝缘子将导线放在靠电杆侧的颈槽内绑扎，转角杆的针式绝缘子将导线置于转角外侧的颈槽内。

2）导线在蝶式绝缘子上固定时，一般导线在蝴蝶形绝缘子上的套环长度从蝶式绝缘子中心算起，导线截面在$35mm^2$及以下时，不小于 200mm，导线截面在 50mm^2 及以上时不小于 300mm。绑扎线的长度一般为 150～200mm。

3）导线如有损伤应锯断重接，如发现导线在同一截面内，损坏面积超过导线的导电部分截面积的 17%，导线呈灯笼状，直径超过 1.5 倍的导线直径而又无法修复的，都应锯断重接。

4）当发现导线损坏截面小于导电部分 17%时，可敷线修补，但敷线长度应比缺陷部分长，两端各缠绕长度不小于 100mm，然后进行绝缘包扎。对铝芯线磨损的截面在导电部分截面积的 6%以内。

5）损坏深度在单股线直径 1/3 之内，应用同金属的单股线在损坏部分缠绕，缠绕长度应超出损坏部分两端各 30mm，然后进行绝缘包扎，导线截面磨损在导电部分的截面积 5%以内，可不作处理，只需在外部进行绝缘包扎。

（9）对接户线的架设有如下要求：

1）接户线在档距内不得有接头，进线处离地高度不得小于 2.5m。

2）接户线最小截面应符合表 6-11 的规定。

3）接户线线间及其与邻近线路间的距离应符合表 6-12 的要求。

接户线的最小截面　　表 6-11

接户线架设方式	接户线长度（m）	接户线截面（mm^2）	
		铜线	铝线
架空敷设	10～25	6.0	10.0
	≤10	4.0	6.0
沿墙敷设	10～25	6.0	10.0
	≤10	4.0	6.0

接户线线间及其与邻近线路间的距离　　表 6-12

架设方式	档距（m）	线间距离（mm）
架空敷设	≤25	150
	＞25	200

续表

架设方式	档距(m)	线间距离(mm)
沿墙敷设	≤6	100
	＞6	150
架空接户线与广播线、电话线交叉		接户线在上部 600 接户线在下部 300
架空或沿墙敷设的接户线零线和相线交叉		100

6.4　电缆线路的架设与敷设形式及安全要求

在敷设电缆线路时，要尽可能选择距离最短的路线，同时应顾及已有的和拟建的房屋建筑的位置，并设法尽量减少穿越各种管道、铁路、公路和弱电电缆的次数。在电缆线路经过的地区，应尽可能保证电缆不致受到各种损伤（机械的损伤，化学的腐蚀，地下电流的电腐蚀等）。施工现场的电缆线路一般采用埋地电缆线路和架空电缆线路（还包括沿墙敷设的墙壁电缆线路），严禁沿地面明敷设，并应设方位标志。

6.4.1　电缆线路常用的架设与敷设形式

电缆的室外直接埋地敷设，因其经济和施工方便而在施工现场中应用相当广泛。但这种敷设方法也有其缺点，电缆易受机械损伤、化学腐蚀及电腐蚀，可靠性也较差，检修不方便，一般用于埋设根数不多的地方。埋地敷设的电缆宜采用有外护层的铠装电缆，在无机械损伤可能的场所也可采用护套电缆，埋地敷设的要求如下：

（1）电缆埋设深度不得小于 0.7m，一般为 0.7～1m，电缆上下左右应均匀铺设不小于 50mm 厚的细砂，电力电缆之间、电力电缆与控制电缆之间的距离不得小于 100mm，在电缆上方应铺设混凝土保护板或砖等硬质保护层，其覆盖宽度应超过电缆两侧各 50mm，填铺的软土或细砂中不应有石块或其他硬质杂物。保护层与电缆的垂直距离不得小于 100mm，电缆壕沟的形状和尺寸要求见图 6-19 和表 6-13。

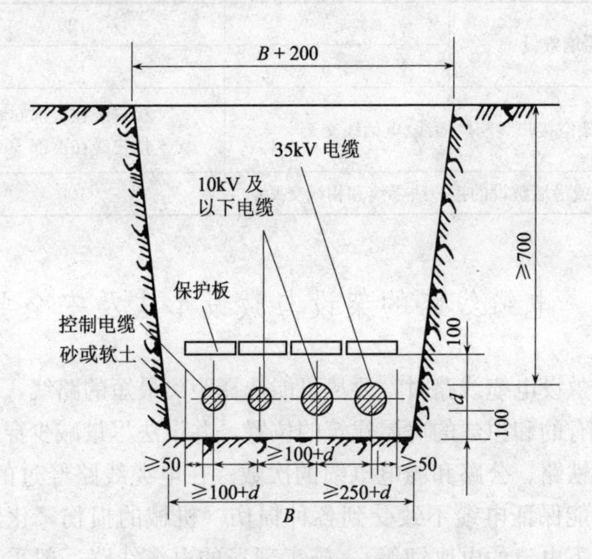

图 6-19 电缆直接埋地

电缆壕沟宽度表 表 6-13

电缆壕沟宽度 B(mm)		控制电缆根数						
		0	1	2	3	4	5	6
10kV 及以下电力电缆根数	0		350	380	510	640	770	900
	1	350	450	580	710	840	970	1100
	2	500	600	730	860	990	1120	1250
	3	650	750	880	1010	1140	1270	1400
	4	800	900	1030	1160	1290	1420	1550
	5	950	1050	1180	1310	1440	1570	1800
	6	1100	1200	1330	1460	1590	1720	1850

（2）电缆敷设时，不宜交叉，应排列整齐，固定可靠，电缆沿线及接头处应有明显的方位标识或牢固的标桩。

（3）埋设电缆时，应尽量避免碰到下列场地：经常积、存水的地方，地下埋设物较复杂的地方，时常挖掘的地方，预定搭设建筑物的地方以及散发腐蚀性气体或溶液的地方，制造和贮存易燃易爆物的地方。

（4）电缆与建筑物平行敷设时，电缆应埋设在建筑物的散水坡外。电缆引入建筑物时，所穿保护管应超出建筑物散水坡100mm。

（5）电缆长度应比电缆壕沟长约1.5%～2%，即留有一定裕量。

（6）电缆接头应设在地面上的接线盒内，接线盒应能防水、防尘、防机械损伤，并远离易燃、易爆、易腐蚀场所。

（7）电缆接头应牢固可靠，并应作绝缘包扎，保持绝缘强度，不得承受张力。

（8）电缆与其他设施的平行间距不得小于2m，交叉间距不得小于1m。

（9）电缆穿越建筑物、构筑物，穿过楼板及墙壁处，与道路交叉处，以及引出地面从距地面2m高以下至地下0.2m以上这一段，必须加设保护套管。保护套管的内径不应小于电缆外径的1.5倍，保护套管的弯曲半径不应小于所穿入电缆的允许弯曲半径。

6.4.2 电缆线路架设与敷设的安全要求

电缆除直接埋地敷设外，还可沿墙或用支架架空敷设，其结构简单，具体敷设安全要求是：

（1）架空敷设电缆，必须采用绝缘子固定，严禁使用金属裸线作绑线，固定点间距应保证电缆能承受自重所带来的荷重。电缆的最大弧垂距地不得小于2.5m，沿墙敷设时不得小于2m。沿墙敷设时必须采用支架支承电缆，支架间距不得大于1m。

（2）高层建筑电缆的垂直敷设，应充分利用在建工程的竖井、垂直孔洞，并宜靠近负荷中心处，电缆在每个楼层设一处固定点，有条件的话，固定点垂直距离控制在1.5m以内。当电缆水平敷设沿墙或门口固定，最大弧垂距地不得小于2.0m。

（3）数根电力电缆一同敷设时，要保证电缆间净距离不小于

35mm，而保护零线与电力电缆的一同敷设除外，保护零线应每隔 1m 与电力电缆包扎一次，保护零线的线芯截面应不小于电缆零线的截面，且必须用多股线。

图 6-20 为施工现场电缆敷设的一种方式。

图 6-20 施工现场电缆的敷设

6.5 室内配线的方法及安全要求

安装在室内的导线以及它们的支持物、固定用配件，总称为室内配线。

室内配线分明敷和暗敷两种，明敷就是将导线沿屋顶、墙壁敷设，暗敷就是将导线在墙壁内、地面下及顶棚上等看不到的地方敷设。

图 6-21、图 6-22 为施工现场室内电缆敷设与架设的几种方式。

室内配线的方法及安全要求如下：

（1）必须采用绝缘导线或电缆。

（2）进户线过墙应穿管保护，距地面不得小于 2.5m，并应采取防雨措施，进户线的室外端应采用绝缘子固定。

图 6-21　室内电缆的敷设

图 6-22　室内电缆的架设

（3）室内配线只有在干燥场所才能采用绝缘子或瓷（塑料）夹明敷，导线距地面高度：水平敷设时，不得小于 2.5m；垂直敷设时，不得小于 1.8m，否则应用钢管或槽板加以保护。

（4）室内配线所用导线截面，应根据用电设备的计算负荷确定，但铝线截面不得小于 2.5mm^2 铜线截面不得小于 1.5mm^2。

（5）绝缘导线明敷时，采用钢索配线的吊架间距不宜大于 12m，采用绝缘子或瓷（塑料）夹固定导线时，导线及固定点间的允许距离如表 6-15 所示，采用护套绝缘导线时，允许直接敷设于钢索上（导线明敷时导线及固定点间的允许距离见表 6-14）。

室内采用绝缘导线明敷时导线及固定点间的允许距离　　表 6-14

布线方式	导线截面(mm²)	固定点间最大允许距离(mm)	导线线间最小允许距离(mm)
瓷(塑料)夹	1～4	600	
	6～10	800	
用绝缘子固定在支架上布线	2.5～6	＜1500	35
	6～25	1500～3000	50
	25～50	3000～6000	70
	50～95	＞6000	100

（6）凡明敷于潮湿场所和埋地的绝缘导线配线均应采用水、煤气钢管，明敷或暗敷于干燥场所的绝缘导线配线可采用电线钢管，穿线管应尽可能避免穿过设备基础，管路明敷时其固定点间最大允许距离应符合表 6-15 的规定。

金属管固定点间的最大允许距离　　表 6-15

公称口径(mm)	15～20	25～32	40～50	70～100
煤气管固定点间距离(mm)	1500	2000	2500	3500
电线管固定点间距离(mm)	1000	1500	2000	—

（7）室内埋地金属管内的导线，宜用塑料护套塑料绝缘导线。

（8）金属穿线管必须作保护接零。

（9）在有酸碱腐蚀的场所，以及在建筑物顶棚内，应采用绝缘导线穿硬质塑料管敷设，其固定点间最大允许距离应符合表 6-16 的规定。

塑料管固定点间的最大允许距离　　表 6-16

公称口径(mm)	20 及以下	25～40	50 及以下
最大允许距离(mm)	1000	1500	2000

(10) 穿线管内导线的总截面积（包括外皮）不应超过管内径截面积的40%。

(11) 当导线的负荷电流大于25A时，为避免涡流效应，应将同一回路的三相导线穿于同一根金属管内。

(12) 不同回路、不同电压及交流与直流的导线，不应穿于同一根管内，但下列情况除外：

1) 供电电压在50V及以下者；

2) 同一设备的电力线路和无须防干扰要求的控制回路；

3) 照明花灯的所有回路，但管内导线总数不应多于8根。

7 施工现场的配电箱和开关箱

配电箱和开关箱统称为电箱，它们是施工现场中接受外来电源并向各用电设备分配电力的装置，是施工现场临时用电电气系统中的重要环节，相比较于配电室、架空线路或电缆线路，电箱是向用电设备输送电力和提供电气保护的装置，更易于施工现场各类人员使用——不管是电气专业人员还是非电气专业人员接触到，而电箱中各种元器件的设置正确与否、电箱使用与维护的得当与否，直接关系到电气系统中上至配电电线电缆，下至用电设备各个部分的电气安全，关系到现场人员的人身安全。因此，电箱的设置与维护，对于施工现场的安全生产具有极其重大的意义。

7.1 施工现场的配电形式

施工现场临时用电的配电系统必须做到“三级配电，二级保护”，这是一个总的配电系统设置原则，它有利于现场电气系统的维护，充分保证施工安全。

“三级配电，二级保护”主要包含以下几方面的要求：

（1）现场的配电箱、开关箱要按照“总—分—开”的顺序作分级设置。在施工现场内应设总配电箱（或配电室），总配电箱下设分配电箱，分配电箱下设开关箱，开关箱控制用电设备，形成“三级配电”。

（2）根据现场情况，在总配电箱处设置分路漏电保护器，或在分配电箱处设置漏电保护器，作为初级漏电保护，在开关箱处设置末级漏电保护器，这样就形成了施工现场临时用电线路和设备的“二级漏电保护”。

（3）现场所有的用电设备都要有其专用的开关箱，做到“一机、一箱、一闸、一漏”；对于同一种设备构成的设备组，在比较集中的情况下可使用集成开关箱，在一个开关箱内每一个用电设备的配电线路和电气保护装置作分路设置，保证“一机、一闸、一漏”的要求。

7.1.1 配电箱与开关箱的设置原则

如前所述，配电箱和开关箱的设置原则，就是“三级配电，二级保护”和“一机、一箱、一闸、一漏”。现场临时用电系统分总配电箱、分配电箱和开关箱三个层次向用电设备输送电力，而每一台用电设备都应有专用的开关箱，箱内应设有隔离开关和漏电保护器，而总配电箱内还应设有总漏电保护器，形成每台用电设备至少有两道漏电保护装置。

实际使用中，施工现场可根据实际情况，增加分配电箱的级数以及在分配电箱中增设漏电保护器，形成三级以上配电和二级以上保护。图7-1为典型的三级配电结构图。

出于安全照明的考虑，施工现场照明的配电应与动力配电分开而自成独立的配电系统，这样就不会因动力配电的故障而影响到现场照明。

7.1.2 配电箱与开关箱的设置点选择和环境的要求

配电箱、开关箱的位置选择和环境条件是关系到配电箱和开关箱能否安全使用的重要问题。

（1）位置的选择规定

1）总配电箱应设在靠近电源处；分配电箱应设在用电负荷或设备相对集中地区，分配电箱与各用电设备的开关箱之间的距离不得超过30m（图7-1）。

2）开关箱应设在所控制的用电设备周围便于操作的地方，与其控制的固定式用电设备水平距离不宜过近，防止用电设备的振动给开关箱造成不良影响，也不宜过远，便于发生故障时能及时处理，一般控制在不超过3m为宜。

3）配电箱、开关箱周围应有足够两人同时工作的空间和通

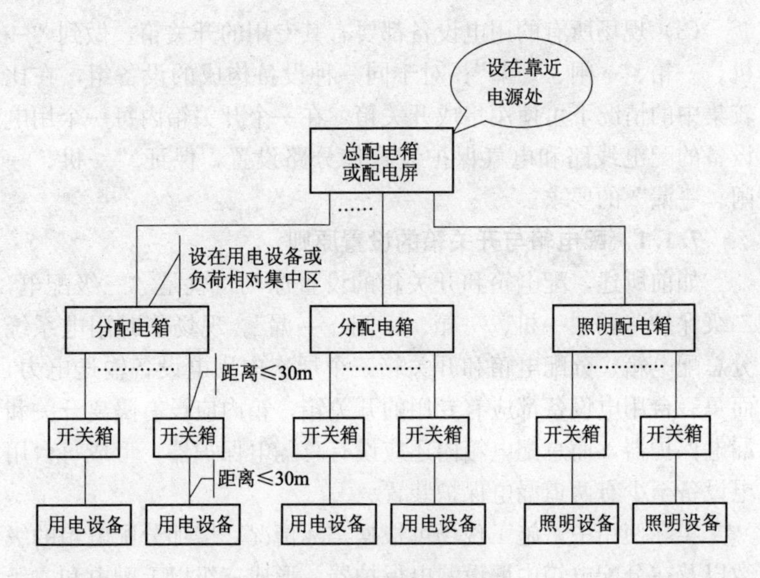

图 7-1 位置选择示意图

道，箱前不得堆物、不得有灌木与杂草妨碍工作。

4）固定式配电箱、开关箱的下底与地面的垂直距离宜大于 1.4m，小于 1.6m。移动式分配电箱、开关箱的下底与地面的垂直距离宜大于 0.8m，小于 1.6m，并且移动式电箱应安装在固定的支架上（图 7-2）。

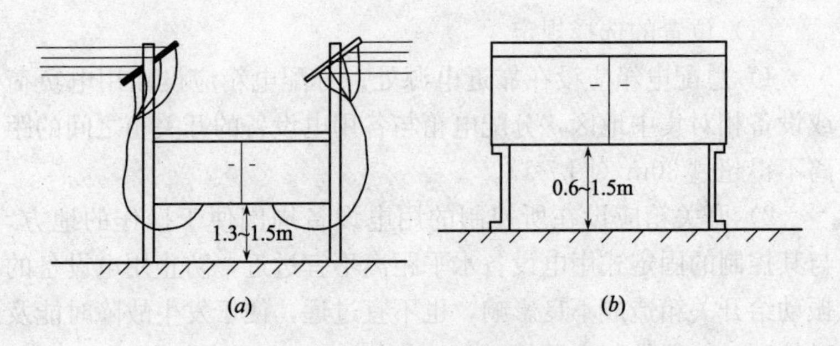

图 7-2 电箱安装示意图

（*a*）固定式电箱；（*b*）移动式电箱

(2) 环境的要求

1) 配电箱、开关箱应装设在干燥、通风及常温的场所，并尽量做到防雨、防尘；

2) 不得装设在对电箱有损伤作用的瓦斯、蒸汽、烟气、液体、热源及其他有害物质的恶劣环境；

3) 电箱应避免外力撞击、坠落物及强烈振动，可在其上方搭设简易防护棚；

4) 不得装设在有液体飞溅和受到浸湿及有热源烘烤的场所。

7.1.3 配电箱、开关箱装设的安全技术要求

为了确保配电箱、开关箱及其内部装接的电器能够安全、可靠地运行，还应对配电箱、开关箱本身采取有效的安全技术措施。

(1) 配电箱、开关箱的材质要求

1) 配电箱、开关箱应采用冷轧钢板或优质绝缘材料制作，钢板的厚度应为 1.2～2.0mm，其中开关箱不得小于 1.2mm，配电箱不得小于 1.5mm，当箱体宽度超过 500mm 时应做双开门；

2) 配电箱、开关箱的金属外壳构件应经过防腐、防锈处理，同时应经得起在正常使用条件下可能遇到潮湿的影响；

3) 电箱内的电器安装板应采用金属的或非木质的绝缘材料；

4) 不宜采用木质材料制作配电箱、开关箱，因为木质电箱易腐蚀、受潮而导致绝缘性能下降，而且机械强度差，不耐冲击，使用寿命短，另外钢质电箱便于整体保护接零。

(2) 电箱内电器元件的安装要求

电箱及其内部的电器元件必须是通过国家强制性产品认证 (3C 认证) 的产品。

强制性产品认证制度是各国政府为保护消费者人身安全和国家安全，加强产品质量管理，依照法律法规实施的一种产品合格评定制度，我国政府为兑现入世承诺，于 2001 年 12 月 3 日对外发布了强制性产品认证制度，从 2002 年 5 月 1 日起，国家认监委开始受理第一批列入强制性产品目录的19大类132种产品的认证申请。包括汽车、安全玻璃、低压电器柜等产品。我国强制性产品认证全称是：China Compulsory Certification（简称3C认证）。

同时，电箱内电器元件的安装要求如下：

1）电箱内所有的电气元件必须是合格品，不得使用不合格的、损坏的、功能不齐全的或假冒伪劣的产品；

2）电箱内所有电器元件必须先安装在电器安装板上，再整体固定在电箱内，电器元件应安装牢固、端正，不得有任何松动、歪斜；

3）电器元件之间的距离及其与箱体之间的距离应符合表7-1的规定；

4）电箱内不同极性的裸露带电导体之间以及它们与外壳之间的电气间隙和爬电距离应不小于表7-2的规定；

5）电箱内的电器元件安装常规是左大右小，大容量的开关电器、熔断器布置在左边，小容量的开关电器、熔断器布置在右边；

电器元件排列间距　　表7-1

	最小间距(mm)		
仪表侧面之间或侧面与盘边	60以上		
仪表顶面或出线孔与盘边	50以上		
闸具侧面之间或侧面与盘边	30以上		
插入式熔断器顶面或底面与出线孔	插入式熔断器规格(A)	10～15	20以上
		20～30	30以上
		60	50以上
仪表、胶盖闸顶面或底面与出线孔	导线截面(mm^2)	10及以下	80
		16～25	100

6）电箱内的金属安装板、所有电器元件在正常情况下不带电的金属底座或外壳、插座的接地端子，均应与电箱箱体一起做可靠的保护接零，保护零线必须采用黄绿双色线，并通过专用接线端子连接，与工作零线相区别。

电气间隙和爬电距离 **表 7-2**

额定绝缘电压	电气间隙(mm)		爬电距离(mm)	
	≤63A	>63A	≤63A	>63A
$Ui \leqslant 60$	3	5	3	5
$60 < Ui \leqslant 300$	5	6	6	8
$300 < Ui \leqslant 600$	8	10	10	12

(3) 配电箱、开关箱导线进出口处的要求

1) 配电箱、开关箱电源的进出规则是下进下出，不能设在顶面、后面或侧面，更不能从箱门缝隙中引进或引出导线；

2) 在导线的进、出口处应加强绝缘，并将导线卡固；

3) 进、出线应加护套，分路成束并作防水弯，导线不得与箱体进、出口直接接触，进出导线不得承受超过导线自重的拉力，以防接头拉开。

(4) 配电箱、开关箱内连接导线要求

1) 电箱内的连接导线应采用绝缘导线，性能应良好，接头不得松动，不得有外露导电部分；

2) 电箱内的导线布置要横平竖直，排列整齐，进线要标明相别，出线须做好分路去向标志，两个元器件之间的连接导线不应有中间接头或焊接点，应尽可能在固定的端子上进行接线；

3) 电箱内必须分别设置独立的工作零线和保护零线接线端子板，工作零线和保护零线通过端子板与插座连接，端子板上一只螺钉只允许接一根导线；

4) 金属外壳的电箱应设置专用的保护接地螺钉，螺钉应采用不小于 M8 镀锌或铜质螺钉，并与电箱的金属外壳、电箱内的金属安装板、电箱内的保护中性线可靠连接，保护接地螺钉不得兼作他用，不得在螺钉或保护中性线的接线端子上喷涂绝缘油漆；

5) 电箱内的连接导线应尽量采用铜线，铝线接头万一松动的话，可能导致电火花和高温，使接头绝缘烧毁，引起对地短路

故障；

6）电箱内母线和导线的排列（从装置的正面观察）应符合表7-3的规定。

电箱内母线和导线的排列　　表7-3

相　别	颜　色	垂直排列	水平排列	引下排列
A	黄	上	后	左
B	绿	中	中	中
C	红	下	前	右
N	蓝	较下	较前	较右
PE	黄绿相同	最下	最前	最右

（5）配电箱、开关箱的制作要求

1）配电箱、开关箱箱体应严密、端正，防雨、防尘，箱门开、关松紧适当，便于开关；

2）所有配电箱和开关箱必须配备门、锁，在醒目位置标注名称、编号及每个用电回路的标志；

3）端子板一般放在箱内电器安装板的下部或箱内底侧边，并做好接线标注，工作零线、保护零线端子板应分别标注N、PE，接线端子与电箱底边的距离不小于0.2m。

7.2　配电箱与开关箱内电器件的选择

7.2.1　配电箱与开关箱的电器选择原则

配电箱、开关箱内的开关电器的选择应能保证在正常和故障情况下可靠分断电源；在漏电的情况下能迅速使漏电设备脱离电源；在检修时有明显的电源分断开关，所以配电箱、开关箱的电器选择应注意以下几点：

（1）电箱内所有的电器元件必须是合格品。

（2）电箱内必须设置在任何情况下能够分断、隔离电源的开关电器。

（3）总配电箱中，必须设置总隔离开关和分路隔离开关，分配电箱中必须设置总隔离开关，开关箱中必须设置单机隔离开关，隔离开关一般用作空载情况下通、断电路。

（4）总配电箱和分配电箱中必须分别设置总自动开关和分路自动开关，自动开关一般用作在正常负载和故障情况下通、断电路。

（5）配电箱和开关箱中必须设置漏电保护器，漏电保护器用于在漏电情况下分断电路。

（6）配电箱内的开关电器和配电线路一一对应配合，作分路设置。总开关电路与分路开关电器的额定值、动作整定值应相适应，确保在故障情况下能分级动作。

（7）开关箱与用电设备之间实行一机一闸制，防止一机多闸带来误动作而出事故，开关箱内开关电器的额定值应与用电设备相适应。

（8）手动开关电器只能用于5.5kW以下的小容量的用电设备和照明线路，手动开关通、断电速度慢，容易产生强电弧，灼伤人或电器，故对于大容量的动力电路，必须采用自动开关或接触器等进行控制。

7.2.2 配电箱与开关箱的电器选择要求

根据上述电器选择原则，配电箱和开关箱的电器设置应符合以下要求：

（1）总配电箱内应装设总隔离开关和分路隔离开关、总自动开关和分路自动开关（或总熔断器和分路熔断器）、漏电保护器、电压表、总电流表、总电度表及其他仪表。总开关电器的额定值、动作整定值应与分路开关电器的额定值、动作整定值相适应。若漏电保护器具备自动空气开关的功能则可不设自动空气开关和熔断器。

（2）分配电箱内应装设总隔离开关、分路隔离开关、总自动开关和分路自动开关（或总熔断器和分路熔断器），总开关电器的额定值、动作整定值应与分路开关电器的额定值、动作整定值相适应。必要的话，分配电箱内也可装设漏电保护器。

（3）开关箱内必须装设隔离开关、熔断器和漏电保护器，漏电保护器的额定动作电流应不大于 30mA，额定动作时间应小于 0.1s（36V 及以下的用电设备如工作环境干燥可免装漏电保护器）。若漏电保护器具备自动空气开关的功能则可不设熔断器。每台用电设备应有各自的专用开关箱，实行"一机一闸"制，严禁用同一个开关电器直接控制二台及二台以上用电设备（含插座）。

7.2.3 配电箱、开关箱中常用的开关电器

（1）隔离开关

隔离开关的主要用途是保证电气检修工作的安全，它能将电气系统中需要修理的部分与其他带电部分可靠地断开，具有明显的分断点，故其触头是暴露在空气中的。

隔离开关无灭弧装置，所以不允许切断负荷电流和短路电流，否则电弧不仅使隔离开关烧毁，而且可能发生严重的短路故障，同时电弧对工作人员也会造成伤亡事故。因此，在电气线路已经切断电流的情况下，用隔离开关可以可靠地隔断电源，确保在隔离开关以后的配电装置不带电，保证电气检修工作的安全。

施工现场常用的隔离开关主要由 HD 系列刀开关、HK2 系列开启式负荷开关、HR5 系列带熔断器式开关和 HG 系列刀开关等。这类刀开关在配电箱和开关箱中一般用于空载接通和分断电路，也可用于直接控制照明和不大于 3.0kW 的动力线路。当用于启动异步电动机时，其额定电流应不小于电动机额定电流的三倍。

刀开关的额定电流有 30、60、100、200、300、……、1500A 等多种等级，选择刀开关应根据电源类别、电压、电流、电动机容量、极数等来考虑，其额定电压应不小于线路额定电压，额定电流应不小于线路额定电流。

（2）熔断器

熔断器是用来防止电气设备长期通过过载电流和短路电流的保护元件。它由金属熔件（又称熔体、熔丝）、支持熔件的接触结构和外壳组成。

常用的低压（380V）熔断器有下列型号：

1）无填料密闭管式熔断器，这种熔断器必须配用特制的熔丝，极限断流能力较强，熔体更换方便，适用于对断流容量要求不很高的场所。其主要性能见表7-4。

无填料熔断器主要技术数据　　　　表7-4

型　　号	额定电压(V)	额定电流(A)	分断能力(A)
RM10	380	6～15	1200
		15～60	3500
		100～350	10000
		350～600	12000

2）有填料封闭管式熔断器，这是一种高分断能力的熔断器，断流容量高，性能稳定，运行可靠，但熔体更换不方便。其主要性能见表7-5。

有填料熔断器主要技术数据　　　　表7-5

型　　式	型　号	额定电压(V)	额定电流(A)	分断能力(kA)
刀型触头熔断器	RTO	380	4～1000	50
螺旋式熔断器	RL1	380	2～200	25
圆筒形帽熔断器	RT14	380	2～63	100
保护半导体器件熔断器	RS0	250　500	10～480	50

3）半封闭插入式熔断器，这种熔断器安装和更换方便，安全可靠，价格最便宜，主要用于线路末端作短路保护。其主要性能见表7-6。

半封闭插入式熔断器主要技术数据　　　　表7-6

型　　号	额定电压(V)	额定电流(A)	分断能力(A)
RC1A	380	5	250
		10～15	500
		30	1500
		60～200	3000

熔断器的选择，除按额定电压、环境要求外，主要是选出熔体和熔管的额定电流，现分述如下：

4）熔断器熔体（丝）额定电流的确定应同时满足下列两个条件：

① 正常运行情况：熔体额定电流 I_{er}应不小于回路的计算负荷电流 I_j，即

$$I_{er} \geqslant I_j$$

② 启动情况：正常的短时过负荷。

对于单台电动机回路：

$$I_{er} \geqslant \frac{I_{Dq}}{\alpha}$$

用电设备组的配电干线：

$$I_{er} \geqslant \frac{I_{Dq1} + I_{j(n-1)}}{\alpha}$$

上述三个公式中

I_{er}——熔体额定电流；

I_{Dq}——电动机启动电流；

I_{Dq1}——回路中最大一台电动机的启动电流；

$I_{j(n-1)}$——回路中除去启动电流最大的一台电动机外的计算电流；

α——熔丝躲过启动电流的安全系数，决定于启动状况和熔断器特性的系数（见表 7-7）。

α 系数 **表 7-7**

熔断器型号	熔体材料	熔体电流	α 值	
			电动机轻载启动	电动机重载启动
RTO	铜	50A 及以下	2.5	2
		60～200A	3.5	3
		200A 以上	4	3
RM10	锌	60A 及以下	2.5	2
		80～200A	3	2.5
		200A 以上	3.5	3
RL1	铜、银	60A 及以下	2.5	2
		80～100A	3	2.5
RC1A	铅、铜	10～200A	3	2.5

电焊机供电回路（单台电焊机）：

$$I_{er} \geqslant K_a \cdot K_f \cdot I_g$$

式中 K_a——安全系数，取 1.1；

K_f——负荷尖峰系数，取 1.1；

I_g——计算工作电流，按下式计算：

$$I_g = \frac{P_e}{U_e \cos\varphi} \cdot \sqrt{JC} \cdot 1000$$

式中 P_e——电焊机额定功率（kW）；

U_e——一次侧额定电压（V）；

JC——电焊机的额定暂载率；

$\cos\varphi$——功率因数，如无铭牌，一般可取 0.5。

接于单相线路上的多台电焊机 $I_{er} \geqslant K \cdot \sum I_g$

式中 K 为一系数，三台及三台以下时取 1.0，三台以上取 0.65。

照明供电回路：熔体额定电流应不小于回路总计算电流。

5）熔断器（熔管）额定电流的确定

按熔体的额定电流及产品样本数据可确定熔断器的额定电流，同时熔断器的最大分断电流应大于熔断器安装处的冲击短路电流有效值。

6）熔断器选择的要点

① 为保证前后级熔断器动作的选择性，一般要求前一级熔体电流应比下一级熔体电流大 2～3 级；

② 用熔断器保护线路时，熔体的额定电流应不大于导体允许载流量的 250%（从躲开电动机启动电流考虑），但对明敷绝缘导线应不大于 150%，否则对导线起不到保护作用。

(3) 自动空气开关

自动空气开关，又称低压自动空气断路器，它不同于隔离开关，具有良好的灭弧性能，既能在正常工作条件下切断负载电流，又能在短路故障时自动切断短路电流，靠热脱扣器能自动切断过载电流，当电路失压时也能实现自动分断电路。因而这种开关被广泛使用于施工现场。

施工现场自动空气开关一般采用DZ型装置式，其最大额定电流为600A，具有过载保护和失压保护功能，根据其使用的脱扣器的不同而具有短路保护或瞬时和延时过电流保护。

表示自动空气开关性能的主要指标有二：一是通断能力，即开关在指定的使用和工作条件下，能在规定的电压下接通和分断的最大电流值（交流以周期分量有效值表示）；二是保护特性，分为过电流保护、过载保护和欠电压保护三种。过电流保护是自动空气开关的主要元件之一，能有选择性的切除电网故障并对电气设备起到一定的保护作用；当负荷电流超过自动空气开关额定电流的1.1～1.45倍时，能在10s～120min（可调整）内自动分闸，实现过载保护；欠电压保护能保证当电压小于额定电压的40％时自动分断，当电压大于额定电压的75％时不分断。

1）自动空气开关的选择应满足以下条件：

① 额定电压应不小于回路工作电压；

② 额定电流应不小于回路的计算电流；

自动空气开关有三个电流：断路器的额定电流（即主触头的额定电流）I_e、电磁脱扣器（或瞬时脱扣器的额定电流）的额定电流 I_{ed}和热脱扣器（或延时脱扣器）的额定电流 I_{er}，设回路的计算电流为 I_j，则这几个电流之间应满足以下关系：

$$I_e \geqslant I_{ed} \geqslant I_{er} \geqslant I_j$$

③ 对于动作时间不大于0.02s的断路器，其分断电流应不小于短路冲击电流；对于动作时间大于0.02s的断路器，其分断电流应不小于短路电流。

2）自动空气开关的电流整定

① 瞬时或短延时过流脱扣器的整定电流按躲过电路中的尖峰电流来计算，应有下式：

$$I_{dzd} \geqslant K_{KI} \cdot I_{jf}$$

式中　I_{dzd}——瞬时或短延时过电流脱扣器的整定电流；

K_{K1}——可靠系数。对动作时间大于0.02s的空气开关（如DW型），取1.3～1.35；对动作时间不大于0.02s的空气开关（如DZ型），取1.7～2.0；

I_{jf}——线路尖峰负荷，其计算方法如下：

单台电动机：$I_{jf}=I_{Dq}$

多台电动机：$I_{jf}=\sum I_{eD}+(I_{*Dq}-1)\cdot I_{eDmax}$

式中 I_{Dq}——电动机启动电流；

$\sum I_{eD}$——各台电动机额定电流之和；

I_{eDmax}——启动电流最大的一台电动机的额定电流；

I_{*Dq}——电动机的启动电流倍数（标幺值）。

② 长延时过流脱扣器或热脱扣器的整定电流按线路计算负荷电流来计算，应有下式：

$$I_{dzg}\geqslant K_{K2}\cdot I_j$$

$$I_{dzr}=K_{K3}\cdot I_j$$

式中 I_{dzg}——长延时过流脱扣器的整定电流；

I_{dzr}——热脱扣器的整定电流；

K_{K2}——可靠系数，取1.1；

K_{K3}——可靠系数，取1.0～1.1。

热元件的额定电流和热脱扣器的额定电流按下式配合：

$$I_{dzr}=(0.8\sim0.9)I_{er}$$

③ 过电流脱扣器与导线允许载流量的配合

为了使自动空气开关在配电线路过负荷或短路时，能可靠地保护电缆及导线不至于过热而熔断，应使过电流脱扣器的整定电流 I_{dzd} 与导线或电缆的允许持续电流 I_{xu} 按下式配合：

$$\frac{I_{dzd}}{I_{xu}}\leqslant4.5$$

7.2.4 常用配电箱、开关箱布置图及接线图

见图7-3～图7-10。

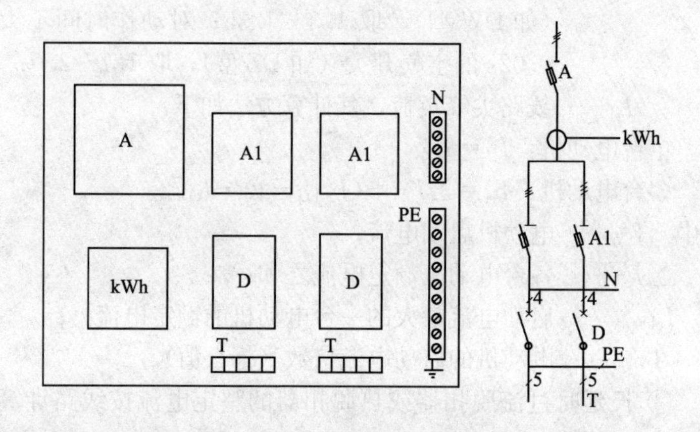

图 7-3　总配电箱

A—HR5-400/3 隔离开关；kWh—DT862-2 电度表；

A1—HR5-200/3 隔离开关；D—DZ10L-250/4 漏电断路器；

N—工作零线端子排；PE—保护零线端子排；T—三相五线接线端子

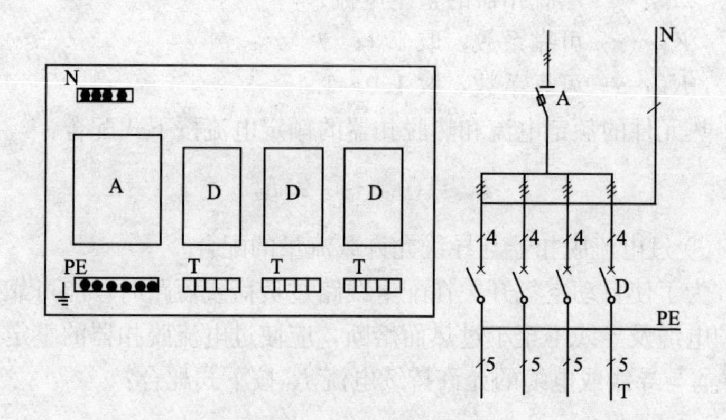

图 7-4　分配电箱

A—HR5-100/3 隔离开关；D—DZ10L-40/4 漏电断路器；

N—工作零线端子排；PE—保护零线端子排；

T—三相五线接线端子

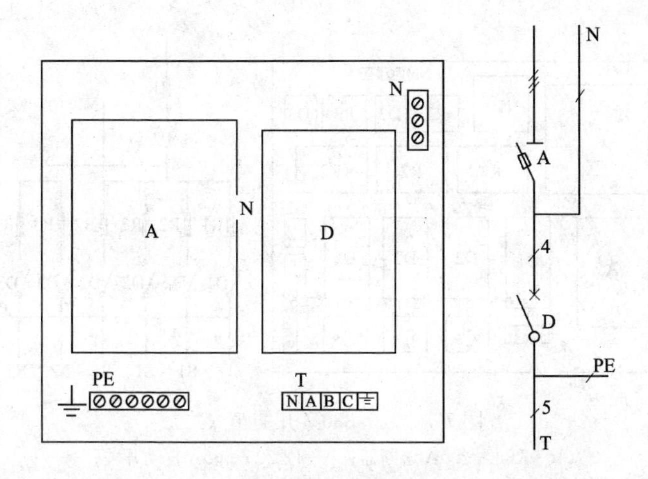

图 7-5　单机开关箱

A—HR5-200/3 隔离开关；D—DZ10L-250/4 漏电断路器；

N—工作零线端子排；PE—保护零线端子排；T—三相五线接线端子

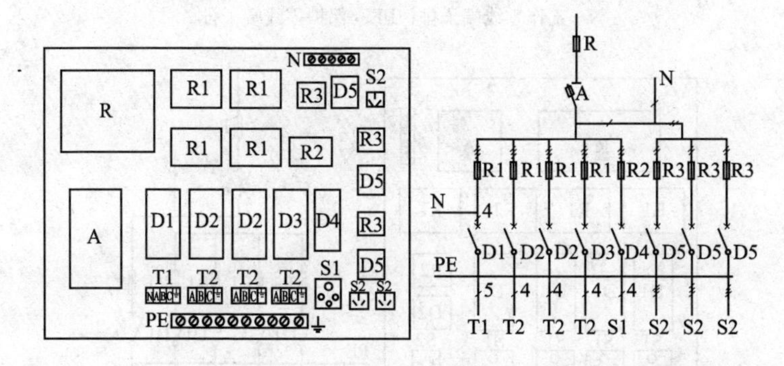

图 7-6　220/380V 开关箱（一）

R—RTO 400A 熔断器；A—DZ20Y-400A 自动开关；R1—RC1A 60A 熔断器；

R2—RC1A 30A 熔断器；R3—RC1A 15A 熔断器；D1—DZ10L-100/4 漏电断路器；

D2—DZ10L-100/3 漏电断路器；D3—DZ10L-63/3 漏电断路器；

D4—DZ10L-40/3 漏电断路器；D5—DZ10L-20/2 漏电断路器；

T1—三相五线接线端子；T2—三相四线接线端子；

S1—三相四线圆孔 20A 插座；S2—单相三线扁孔 10A 插座；

N—工作零线端子排；PE—保护零线端子排

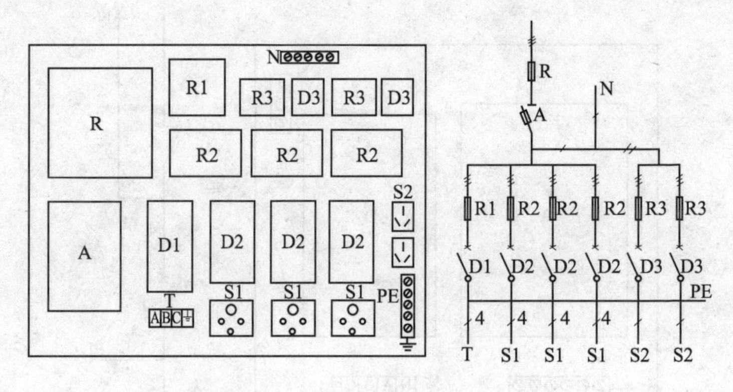

图 7-7　220/380V 开关箱（二）

R—RC1A 200A 熔断器；A—DZ20Y-200A 自动开关；

R1—RC1A 60A 熔断器；R2—RC1A 30A 熔断器；R3—RC1A 15A 熔断器；

D1—DZ10L-63/3 漏电断路器；D2—DZ10L-40/3 漏电断路器；

D3—DZ10L-20/2 漏电断路器；T—三相四线接线端子；

S1—三相四线圆孔 20A 插座；S2—单相三线扁孔 10A 插座；

N—工作零线端子排；PE—保护零线端子排

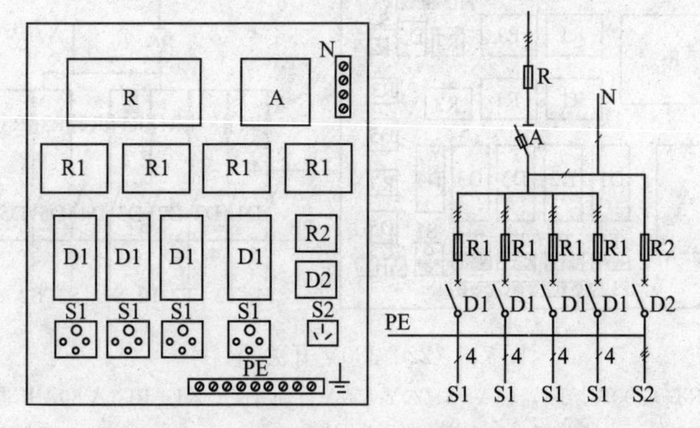

图 7-8　220/380V 开关箱（三）

R—RC1A 100A 熔断器；A—DZ10-100A 自动开关；

R1—RC1A 30A 熔断器；R2—RC1A 15A 熔断器；

D1—DZ10L-40/3 漏电断路器；D2—DZ10L-20/2 漏电断路器；

S1—三相四线 20A 圆孔插座；S2—单相三线扁孔 10A 插座；

N—工作零线端子排；PE—保护零线端子排

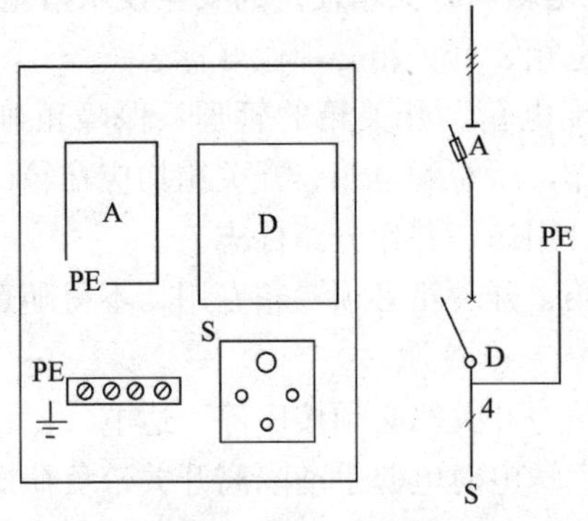

图 7-9　380V 开关箱

A—HG30-32/3 隔离开关；D—AB62-40/3 漏电开关；
S—三相四线圆孔 20A 插座；PE—保护零线端子排

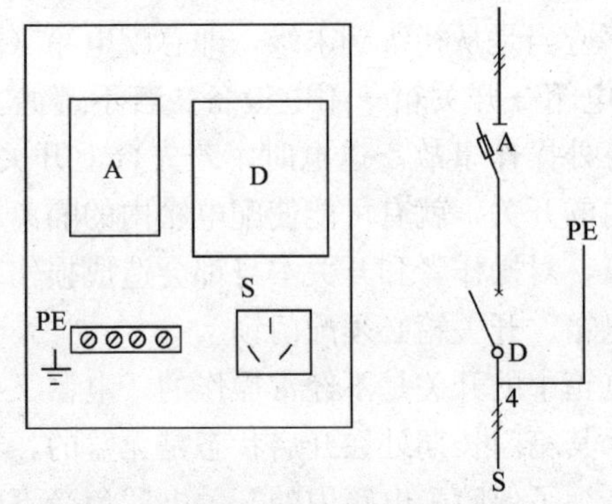

图 7-10　220V 开关箱

A—HG30-32/2 隔离开关；D—AB62-20/2 漏电开关；
S—单相三线扁孔 10A 插座；PE—保护零线端子排

7.3　配电箱与开关箱的使用和维护

配电箱与开关箱是施工现场临时用电工程中操作频繁、故障多发的电气装置。因此，保障其安全运行，对于减少或杜绝电气伤害事故是一项十分重要的工作。为了达到安全用电、供电，对配电箱、开关箱的维护保养，安全使用应当采取相应的安全技术措施。

7.3.1 配电箱与开关箱使用的安全技术措施

(1) 各配电箱、开关箱必须做好标志

为加强对配电箱、开关箱的管理，保障正确的停、送电操作，防止误操作，所有配电箱、开关箱均应在箱门上清晰地标注其编号、名称、用途，并作分路标志。

所有配电箱、开关箱必须专箱专用，不得随意另行挂接其他临时用电设备。

(2) 配电箱、开关箱必须按序停、送电

为防止停、送电时电源手动隔离开关带负荷操作，以及便于对用电设备在停、送电时进行监护，配电箱、开关箱之间应遵循一个合理的操作顺序，停电操作顺序应当是从末级到初级，即用电设备→开关箱→分配电箱→总配电箱（配电室内的配电屏）；送电操作顺序应当是从初级到末级，即总配电箱（配电室内的配电屏）→分配电箱→开关箱→用电设备。若不遵循上述顺序，就有可能发生意外操作事故。送电时，若先合上开关箱内的开关，后合配电箱内的开关，就有可能使配电箱内的隔离开关带负荷操作，产生电弧，对操作者和开关本身都会造成损伤。

(3) 配电箱、开关箱必须配门锁

由于配电箱中的开关是不经常操作的，电器又是经常处于通电工作状态，其箱门长期处在开启状态是无益的，容易受到不良环境的侵害。为了保障配电箱内的开关电器免受不应有的损害和防止人体意外伤害，对配电箱加锁是完全有必要的。

(4) 对配电箱、开关箱操作者的要求

为了确保配电箱、开关箱的正确使用，应对配电箱、开关箱的操作人员进行必要的技术培训与安全教育。配电箱、开关箱的使用人员必须掌握基本的安全用电知识，和所使用设备的性能，熟悉有关开关电器的正确操作方法。

配电箱、开关箱的操作者上岗时，应按规定穿戴合格的绝缘用品，并检查、认定配电箱、开关箱及其控制设备、线路和保护设施完好后，方可进行操作。如通电后发现异常情况，如电动机不转动，则应立即拉闸断电，请专业电工进行检查，待消除故障后，才能重新操作。

图 7-11～图 7-13 所示是几种常用的配电箱、开关箱的使用方式。

图 7-11

图 7-12

图 7-13

7.3.2 配电箱、开关箱的维修技术措施

施工现场临时用电工程的环境，在客观上是比正式用电工程的环境条件要差。所以对配电箱、开关箱应加强检查。

（1）配电箱、开关箱必须每月进行一次检查和维护，定期巡检、检修由专业电工进行，检修时应穿戴好绝缘用品。

（2）检修配电箱和开关箱时，必须将前一级配电箱的相应的电源开关拉闸断电，并在线路断路器（开关）和隔离开关（刀闸）把手上悬挂停电检修标志牌（图 7-14）；检修用电设备时，必须将该设备的开关箱的电源开关拉闸断电，并在断路器（开关）和隔离开关（刀闸）把手上悬挂停电检修标志牌（图 7-15），不得带电作业。在检修地点还应悬挂工作指示牌（图 7-16）。

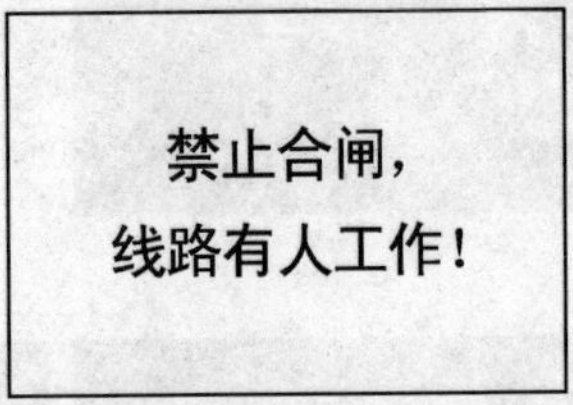

禁止合闸，
线路有人工作！

图 7-14

尺寸：200mm×100mm

80mm×50mm

红底白字

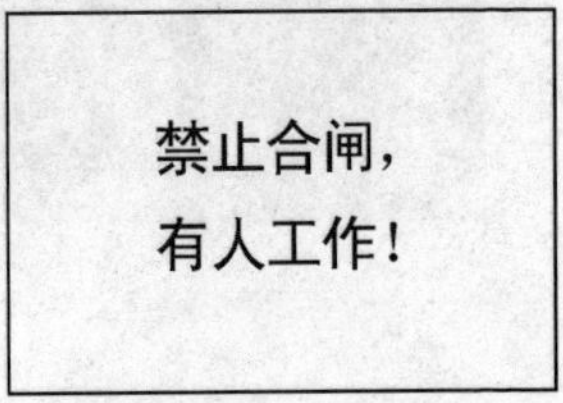

禁止合闸，
有人工作！

图 7-15

尺寸：200mm×100mm

80mm×50mm

白底红字

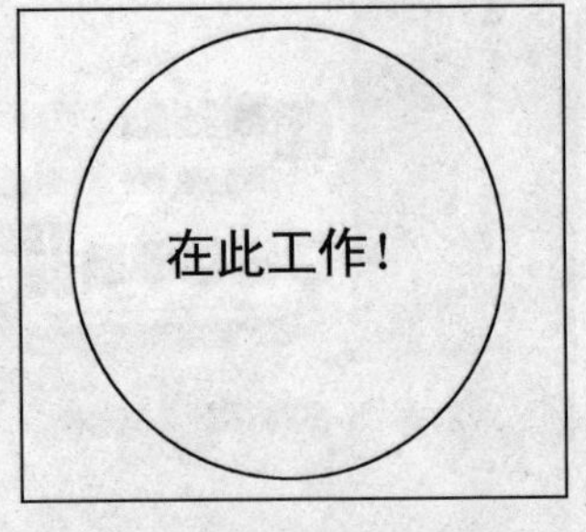

图 7-16

尺寸：250mm×250mm

绿底，中有直径 210mm

白圆圈，黑字写于白圆圈

（3）配电箱、开关箱应保持整洁，不得再挂接其他临时的用电设备，箱内不得放置任何杂物。特别是易燃物，防止开关电器的火花点燃易燃物品起火爆炸和防止放置金属导电器材，意外碰触到带电体引起电器短路和人体触电。

（4）箱内电器元件的更换必须坚持同型号、同规格、同材

料，并有专职电工进行更换，禁止操作者随意调换，防止换上的电器元件与原规格不符或为了图快采用其他金属材料代替。

（5）施工现场配电箱、开关箱的周围环境条件往往不是一成不变的。随着工程的进展必须对配电箱、开关箱的周围环境作好检查，特别是进、出导线的检查，避免机械受伤和坠落物及地面堆物使导线的绝缘损伤等损坏现象。情况严重时除进行修理、调换外，还应对配电箱、开关箱的位置作出适当调整或搭设防护设施，确保配电箱、开关箱的安全运行。

8 施工现场保护接零（接地）及防雷措施

施工现场的电气设备、用电设备因所处环境条件比较恶劣，施工周期较长等原因，常会出现因绝缘老化或机械损伤等因素造成的设备金属外壳带电，这种现象称为漏电，若不及时采取措施，万一有人体触及，就会发生触电或电击事故。人体与故障情况下变为带电的外露导电部分的接触称为间接接触，因建筑施工现场临时用电的移动性、流动性、露天性等的恶劣影响，间接接触的触电现象以及雷击事故往往比直接触电现象更为普遍，造成的危害也更大。所以，除了采取防止直接触电的安全措施以外，还必须采取防止间接触电的安全措施。

这些安全措施包括接地、接零措施以及施工现场的防雷措施。

8.1 基本概念

8.1.1 接地

所谓接地，就是将电气设备的某一可导电部分与大地之间用导体作电气连接（在理论上，电气连接是指导体与导体之间电阻为零的连接；实际上，用金属等导体将两个或两个以上的导体连接起来即可称为电气连接，又称为金属性连接）。简单地说，电气设备的任何部分与大地土壤间作良好的电气连接，称为接地。

（1）有关接地名词与作用

1）接地体：用来直接与土壤接触，有一定流散电阻的一个或多个金属导体，称为接地体，如埋在地下的钢管、角钢。施工现场，有些接地体除专门埋设以外，有时还可利用工程上已有各种金属构件、金属井管、钢管混凝土建（构）筑物的基础等，这种接地体称为自然接地体。

2）接地线：电气装置、机械设备应接地部分与接地体连接所用的金属导体，称为接地线。

常用的有：绝缘的多股铜线（截面不小于 2.5mm^2）、扁钢、圆钢等。

3）接地装置：是接地体和接地线的总和。

4）接地电流：由于电气设备绝缘损坏而产生的经接地装置而流入大地的电流，称为接地电流，或称接地短路电流。

5）流散电阻：接地体与土壤接触之间的电阻及土壤的电阻，称为流散电阻。

6）接地电阻：包括接地线的电阻、接地体本身的电阻及流散电阻。接地电阻的数值等于接地装置对地电压与通过接地体流入地中电流的比值。通过接地体流入地中的工频电流求得的接地电阻，也称为工频接地电阻。通过接地体流入地中冲击电流（雷击电流）求得的接地电阻，称为冲击接地电阻。

7）对地电压：漏电设备的电气装置的任何一部分（导线、电气设备、接地体）与位于地中散流电流带以外的土壤各点间的电压，称为对地电压。

8）接触电压：在接地短路电流回路上，人们同时触及的两点之间的电位差称为接触电压。

9）跨步电压：地面上相互距离为一步（0.8m）的两点之间因接地短路电流而造成的电压，称为跨步电压。跨步电压主要与人体和接地体之间的距离、跨步的大小和方向，以及接地电流大小等因素有关。

10）安全电压：国际上公认在工频交流情况下，流经人体的电流与电流在人体持续时间的乘积 30mA·s 为安全界限值。我国的安全电压额定值的等级为 42V、36V、24V、12V 和 6V。

（2）接地类别

在电气工程上，接地主要有四种类别：工作接地、保护接地、重复接地、防雷接地。

1）工作接地：在正常或故障情况下，为了保证电气设备能安全工作，必须把电力系统（电网上）某一点，通常为变压器的中性点接地，称为工作接地。此种接地可直接接地或经电阻接地、经电抗接地、经消弧线圈接地。

2）保护接地：在正常情况下把不带电，而在故障情况下可能呈现危险的对地电压的金属外壳和机械设备的金属构件，用导线和接地体连接起来，称为保护接地。

保护接地的作用是降低接触电压和减小流经人体的电流，避免和减轻触电事故的发生。通过降低接地的电阻值，最大限度保障人身安全。

在中性点非直接接地的低压电力网中，电力装置应采用低压接地保护。保护接地的接地电阻一般不大于4Ω。

3）重复接地：在中性点直接接地的系统中，除在中性点直接接地以外，为了保证接地的作用和效果，还须在中性线上的一处或多处再作接地，称为重复接地。重复接地电阻应小于10Ω。

保护接零系统中重复接地的作用：

① 当系统发生零线断线时，可降低断线处后面零线的对地电压；

② 当系统中发生碰外壳或接地短路时，可以降低零线的对地电压；

③ 当三相负载不平衡而零线又断裂的情况下，能减轻和消除零线上电压的危险。

4）防雷接地：防雷装置（避雷针、避雷器、避雷线等）的接地，称为防雷接地。防雷接地设置的主要作用是当雷击防雷装置时，将雷电流泄入大地。

（3）接地的安全保护作用

当电气设备发生接地短路时，电流通过接地体向大地作半球形散开，因为球面积与半径的平方成正比，所以半球形的面积随着远离接地体而迅速增大。因此，与半球形面积对应的土壤电阻随着远离接地体而迅速减小，至离开接地体20m处，半球形面积达 2500m²，土壤电阻已小到可以忽略不计。故可认为远离接地体 20m 以外，地中电流所产生的电压降已接近于零。电工上通常所说的“地”，就是零电位。理论上的零电位在无穷远处，实际上距离接地体 20m 处，已接近零电位，距离 60m 处则是事实上的“地”。反之接地体周围 20m 以内的大地，不是“地”(零电位)。

在中性点对地绝缘的电网中带电部分意外碰壳时，接地电流将通过接触碰壳设备的人体和电网与大地之间的电容构成回路，流过故障点的接地电流主要是电容电流（如图 8-1 所示），在一般情况下，此电流是不大的。但是如果电网分布很广，或者电网绝缘强度显著下降，这个电流可能达到危险程度，因此有必要采取安全措施。

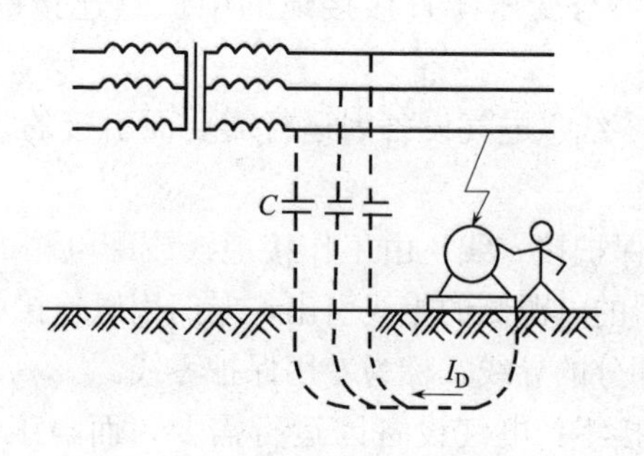

图 8-1　不接地的危险

如果电气设备采取了接地措施，这时通过人体的电流仅是全部接地电流的一部分（如图 8-2 所示），显然，接地电阻是与人体电阻并联的，接地电阻越小，流经人体的电流也越小，如果限制接地电阻在适当的范围内，就能保障人身安全。所以在中性点不接地系统中，凡因绝缘损坏而可能呈现对地电压的金属部分(正常时是不带电的）均应接地。

8.1.2　接零

电气设备与零线连接，就称为接零。接零，就是把电气设备在正常情况下不带电的金属部分与电网的零线紧密连接，有效地

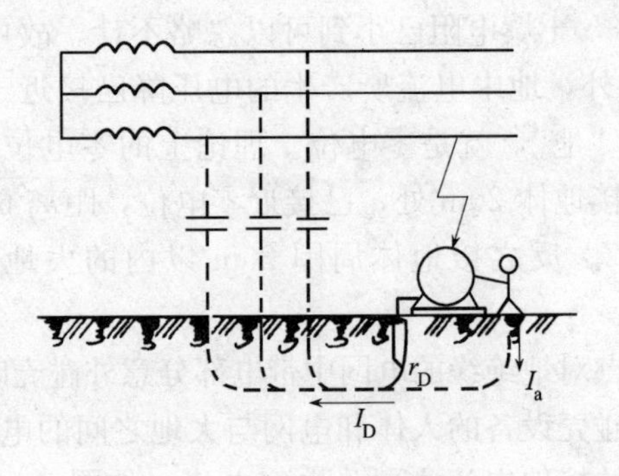

图 8-2　保护接地原理图

起到保护人身和设备安全的作用。

（1）接零的名词及作用

1）零线：与变压器直接接地的中性点连接的导线，称为零线。

2）工作零线：电气设备因运行需要而引接的零线，称为工作接零。

3）专用保护接零线：由工作接地线或配电箱的零线或第一级漏电保护器的电源侧的零线引出，专门用以连接电气设备正常不带电导电部分的导线，称为专用保护零线。

4）工作接零：电气设备因运行需要，而与工作零线连接，称为工作接零。

5）保护接零：电气设备或施工机械设备的金属外壳、构架与保护零线连接，称为保护接零或接零保护。其作用是：采用接零保护主要不是降低接触电压和减小流经人体的电流，而是当电气设备发生碰壳或接地短路故障时，短路电流经零线而形成闭合回路，使其变成单相短路故障；较大的单相短路电流使保护装置准确而迅速动作，切断事故电源，消除隐患，确保人身的安全。切断故障一般不超过 0.1s。因此在中性点直接接地的电网系统中，没有保护装置是绝对不容许的。采用保护接零时电源中性点必须有良好的接地。

（2）接零的安全保护作用

在变压器中性点直接接地的三相四线制系统中，通常采用接零作为安全措施，这是因为，电气设备接零以后，如果一相带电部分碰连设备外壳，则通过设备外壳形成相线对零线的单相短路（如图 8-3 所示），短路电流总是超出正常电流许多倍，能使线路上的保护装置迅速动作，从而使故障部分脱离电源，保障安全。

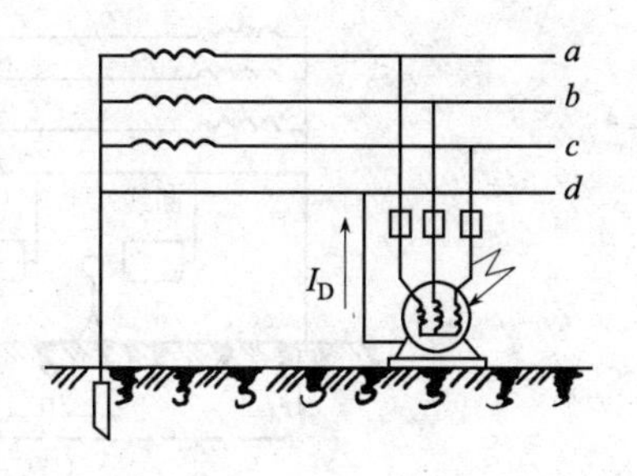

图 8-3　保护接零原理图

因此，在 220/380V 三相四线制中性点直接接地的电网中，凡因绝缘损坏而可能呈现对地电压的金属部分均应接零。

对采用接零保护的电气设备，当其带电部分碰壳时，短路电流经过相线和零线形成回路，此时设备的对地电压等于中性点对地电压和单相短路电流在零线中产生电压降的相量和，显然，零线阻抗的大小直接影响到设备对地电压，而这个电压往往比安全电压高出很多。为了改善这种情况，在设备接零处再加一接地装置，可以降低设备碰壳时的对地电压，这种接地称为重复接地。

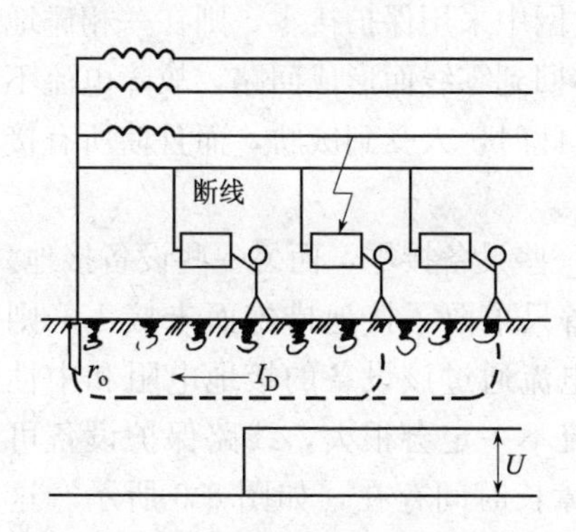

图 8-4　无重复接地时零线断线的危险

重复接地的另一重要作用是当零线断裂时减轻触电危险。图 8-4、图 8-5 分别表示无重复接地时零线断线的危险和有重复接地时零线断线的情况。但是，尽管有重复接地，零线断裂的情况还是要避免的。重复接地有下列好处：

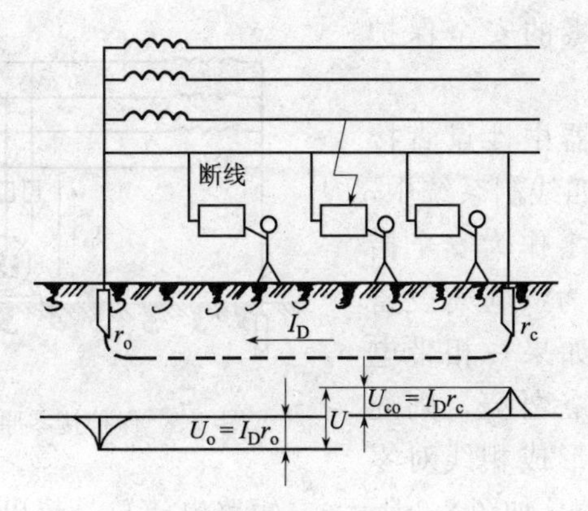

图 8-5　有重复接地时零线断线的情况

1）当零线断裂时能起到保护作用；

2）能使设备碰壳时短路电流增大，加速线路保护装置的动作；

3）降低零线中的电压损失。

采用保护接零应注意下列问题：

1）保护接零只能用在中性点直接接地的系统中。

若在中性点对地绝缘的电网中采用保护接零，则在一相碰地时故障电流会通过设备和人体回到零线而形成回路，故障电流不大，线路保护装置不会动作，此时，人受到威胁，而且使所有接零设备都处于危险状态。

2）在接零系统中不允许一些设备接零，而另一些设备接地。

在接零系统中，若某设备只采取了接地措施而未接零，则当该设备发生碰壳时，故障电流通过该设备的接地电阻和中性点接地电阻而构成回路，电流不一定会很大，线路保护设备可能不会动作，这样就会使故障长时间存在，如图 8-6 所示。这时，除了接触该设备的人有触电危险外，由于零线对地电压升高，使所有与接零设备接触的人都有触电危险。因而，这种情况是不允许的。

如果把该设备的外壳再同电网的零线连接起来，就能满足安

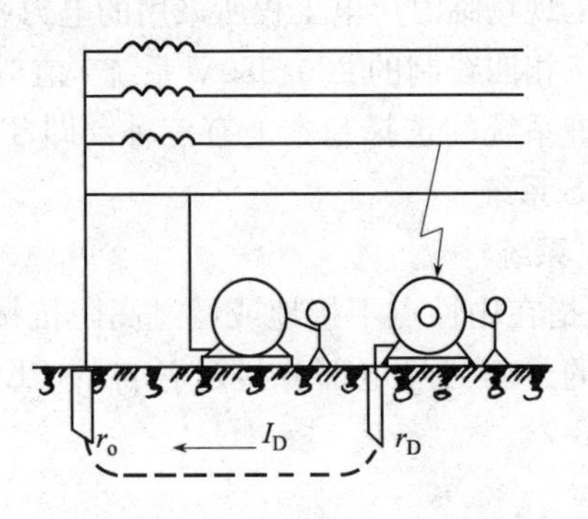

图 8-6　个别设备不接零的危险

全要求了。这时，该设备的接地成了系统的重复接地，对安全是有益无害的。这里再重申一下，禁止在一个系统中同时采用接地制和接零制。

3）保护零线上不得装设开关或熔断器。

由于断开保护零线会使接零设备呈现危险的对地电压，因此禁止在保护零线上装设开关或熔断器。

8.2　临时用电接零（接地）保护系统基本要求

国际电工委员会将电力系统的接地形式分为 IT、TT、和 TN 三类，这些字母分别有其不同的含义：

第一个字母为 I 时，表示电力系统中性点不接地或经过高阻抗接地，第一个字母为 T 时，表示电力系统中性点直接接地；

第二个字母为 T 时，表示电力设备外露可导电部分（指正常时不带电的电气设备金属外壳）与大地作直接电气连接，第二个字母为 N 时，表示电气设备外露可导电部分与电力系统中性点作直接电气连接。

从上面的分类可以看出，IT 系统就是接地保护系统，TT 系统就是将电气设备的金属外壳作接地保护的系统，而 TN 系统就是将电气设备的金属外壳作接零保护的系统。

我国的施工现场临时用电工程所采用的电力系统通常为中性点直接接地的三相四线制的220/380V系统。在这个系统中，按接地或接零保护系统的选择基本上有三种：即TT系统、TN—C系统、TN—S系统。

8.2.1 IT系统

IT系统是指在中性点不接地或经过高阻抗接地的电力系统中，用电设备的外露可导电部分经过各自的PE线（保护接地线）接地（图8-7）。

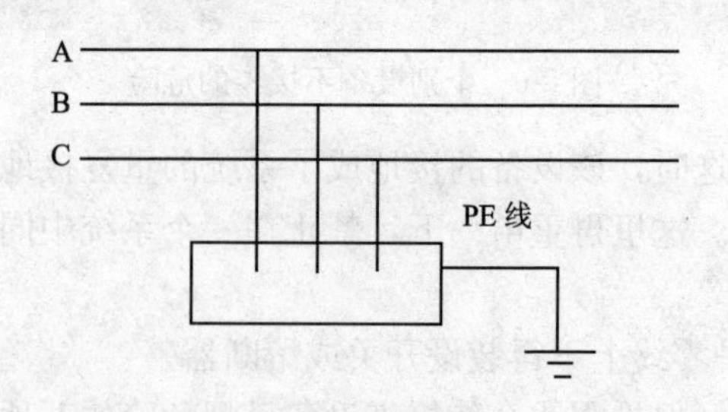

图8-7 IT系统

在IT系统中，由于各用电设备的保护接地PE线彼此分开，经过各自的接地电阻接地，因此只要有效地控制各设备的接地电阻在允许范围内，就能有效的防止人身触电事故的发生。同时各PE线由于彼此分开而没有干扰，其电磁适应性也较强。但当任何一相发生故障接地时，大地即作为相线工作，系统仍能继续运行，此时如另一相又接地，则会形成相间短路，造成危险。因而在IT系统中必须设置漏电保护器，以便在发生单相接地时切断电路，及时处理。

8.2.2 TT系统

TT系统是指在电源（变压器）中性点直接接地的电力系统中，电气设备的外露可导电部分，通过各自的PE线直接接地的保护系统（图8-8）。

由于在TT系统中电力系统直接接地，用电设备通过各自的PE线接地，因而在发生某一相接地故障时，故障电流取决于电力

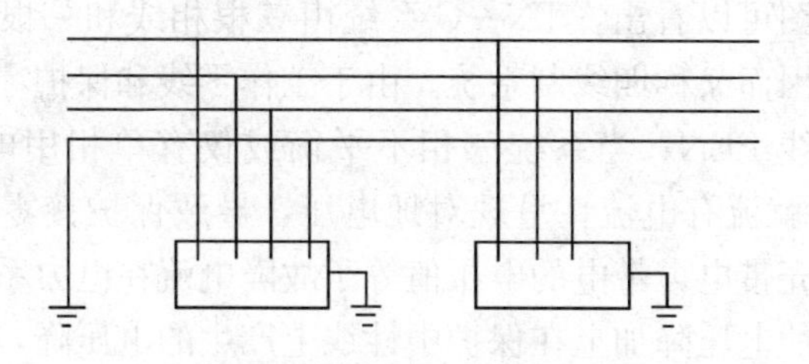

图 8-8　TT 系统

系统的接地电阻和 PE 线的接地电阻，故障电流往往不足以使电力系统中的保护装置切断电源，这样故障电流就会在设备的外露可导电部分呈现危险的对地电压。如果在环境条件比较差的场所使用这种保护系统的话，很可能达不到漏电保护的目的。另外，TT 保护系统还需要系统中每一个用电设备都通过自己的接地装置接地，施工工程量也较大，所以在施工现场不宜采用 TT 保护系统。

8.2.3　TN 系统

TN 系统是指在中性点直接接地的电力系统中，将电气设备的外露可导电部分直接接零的保护系统。根据中性线（工作零线）和保护线（保护零线）的配置情况，TN 系统又可分为：TN—C 系统、TN—S 系统和 TN—C—S 系统。

(1) TN—C 系统

在 TN 系统中，将电气设备的外露可导电部分直接与中性线相连以实现接零，就构成了 TN—C 系统。在 TN—C 系统中，中性线（工作零线）和保护线（保护零线）是合二为一的，称为保护中性线，用符号 PEN 表示（图 8-9）。

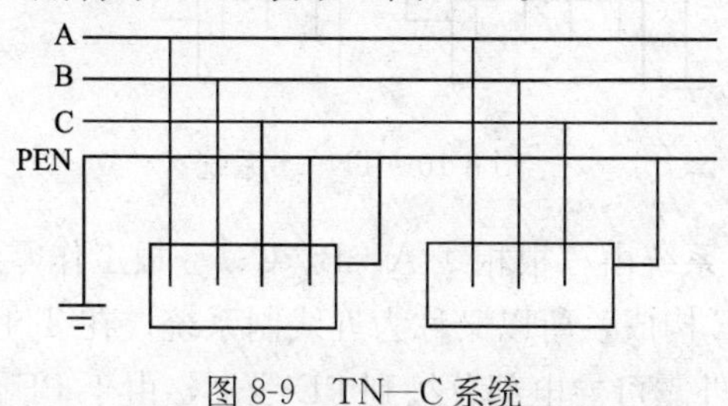

图 8-9　TN—C 系统

由上图可以看出，TN—C 系统由三根相线和一根保护中性线构成，因而又称四线制系统。由于工作零线和保护零线合并为保护中性线 PEN，当系统三相不平衡或仅有单相用电设备时，PEN 线上就流有电流，呈现对地电压，导致保护接零的所有用电设备外壳带电，带电的电压值等于故障电流在电力系统接地电阻上产生的电压降加上在保护中性线上产生的电压降，如果电力系统接地电阻足够小，还需要保护中性线的电阻足够小，才能保证接零设备外壳的对地电压不超过危险值，这就需要选择足够大截面的保护中性线以降低其电阻值。这样操作起来不仅不经济，而且也不一定就能保证外壳的对地电压不超过安全电压。况且在施工现场因为操作环境条件的恶劣或其他原因，很有可能使保护中性线断裂，一旦保护中性线断裂，所有断裂点以后的接零设备的外壳都将呈现危险的对地电压，因而在施工现场不得采用 TN—C 系统。

（2）TN—S 系统

在 TN—S 系统中，从电源中性点起设置一根专用保护零线，使工作零线和保护零线分别设置，电气设备的外露可导电部分直接与保护零线相连以实现接零，这样就构成了 TN—S 系统（图 8-10）。

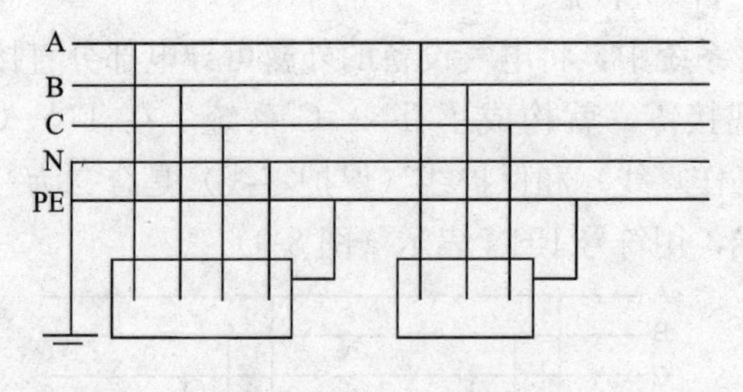

图 8-10　TN—S 系统

TN—S 系统由三根相线 A、B、C、一根工作零线 N 和一根保护零线 PE 构成，所以又称为五线制系统。在 TN—S 系统中，用电设备的外露可导电部分接到 PE 线上，由于 PE 线和 N 线分别设置，在正常工作时即使出现三相不平衡的情况或仅有单相用电设备，PE线上也不呈现电流，因此设备的外露可导电部分也不呈现对地电压。同时因仅有电力系统一点接地，在出现漏电事故时也容易切断电源，因而TN—S系统既没有TT系统那种不容易切断故障电流，每台设备需分别设置接地装置等等的缺陷，也没有TN—C系统的接零设备外壳容易呈现对地电压的缺陷，安全可靠性高，多使用在环境条件比较差的地方。因此住房和城乡建设部规范中规定在施工现场专用的中性点直接接地的电力线路中必须采用TN—S接零系统。

(3) TN—C—S系统

在TN—C系统的末端将保护中性线PEN线分为工作零线N和保护零线PE，即构成了TN—C—S系统（图8-11）。

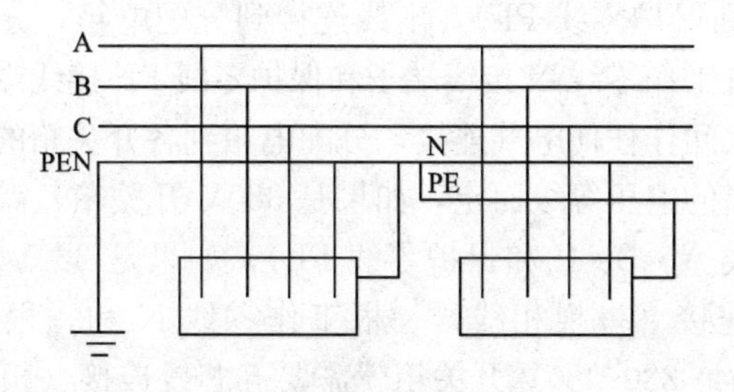

图8-11 TN—C—S系统

采用TN—C—S系统时，如果保护中性线从某一点分为保护零线和工作零线后，就不允许再相互合并。而且，在使用中，不允许将具有保护零线和工作零线两种功能的保护中性线切断，只有在切断相线的情况下才能切断保护中性线，同时，保护中性线上不得装设漏电保护器。

8.3 常用设备、设施的接地、接零基本要求

根据上述分析以及住房和城乡建设部规范的要求，施工现场的接地保护系统应由供电部门供电电网的型式决定，并符合下述

要求：

（1）对于中性点直接接地的电力系统，必须采用 TN—S 系统保护接零；

（2）对于中性点对地绝缘或经高阻抗接地的电力系统，必须采用 IT 系统保护接地。

要达到上述要求，具体的接线方式如下：对于中性点直接接地的电力系统，总配电箱（配电室）的电网进线采用三相四线（相线 A、B、C 和工作零线 N），在总配电箱（配电室）内设置工作零线 N 接线端子和保护零线 PE 接线端子，引入的工作零线 N 在总配电箱（配电室）内作重复接地，接地电阻不得大于 4Ω，用连接导体连接工作零线 N 接线端子和保护零线 PE 接线端子，总配电箱（配电室）的出线采用三相五线（相线 A、B、C、工作零线 N 和保护零线 PE），出线连接到分配电箱，分配电箱内也分别设置工作零线 N 接线端子和保护零线 PE 接线端子，但不得在两者之间作任何电气连接，分配电箱到各开关箱的连接接线要视开关箱的电压等级而定，如果是 380V 开关箱，需要四芯线连接（相线 A、B、C 和保护零线 PE），如果是 220V 开关箱则只需三芯连接（一根相线，一根工作零线 N 和一根保护零线 PE），如果是 220/380V 开关箱就需要五芯线连接（相线 A、B、C、工作零线 N 和保护零线 PE）。这样就能满足 TN—S 系统的要求。具体可参看图 8-12。

而对于中性点对地绝缘或经高阻抗接地的电力系统，只需对上述方法稍作改动就能满足 IT 系统的要求，即在总配电箱，将工作零线 N 接线端子和保护零线 PE 接线端子之间的连接导体拆除，再将保护零线 PE 接线端子接地即可。

对于采用 TN—S 系统，应符合下列要求：

1）保护零线严禁通过任何开关和熔断器；

2）保护零线作为接零保护的专用线使用，不得挪作他用；

3）保护零线除了在总配电箱的电源侧零线引出外，在其他任何地方都不得与工作零线作电气连接；

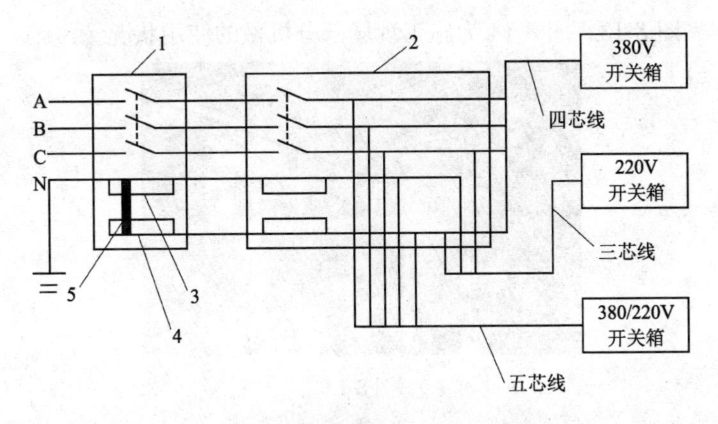

图 8-12

1—总配电箱；2—分配电箱；3—工作零线接线端子；
4—保护零线接线端子；5—连接导体

4）保护零线严禁穿过漏电保护器，工作零线必须穿过漏电保护器；

5）电箱内应设工作零线 N 和保护零线 PE 两块端子板，保护零线端子板应与金属电箱相连，工作零线端子板应与金属电箱绝缘；

6）保护零线的截面积不得小于工作零线的截面积，同时必须满足机械强度要求；

7）保护零线的统一标志为黄/绿双色线，在任何情况下不得将其作为负荷线使用；

8）重复接地必须接在保护零线上，工作零线上不得作重复接地，因为工作零线作重复接地，漏电保护器会出现误动作；

9）保护零线除了在总配电箱处作重复接地以外，还必须在配电线路的中间和末端作重复接地，在一个施工现场，重复接地不能少于三处，配电线路越长，重复接地的作用越明显；

10）在设备比较集中的地方，如搅拌机棚、钢筋作业区等应做一组重复接地，在高大设备处如塔式起重机、施工升降机、物料提升机等也必须作重复接地。

图 8-13、图 8-14 为施工现场部分机械的使用状况。

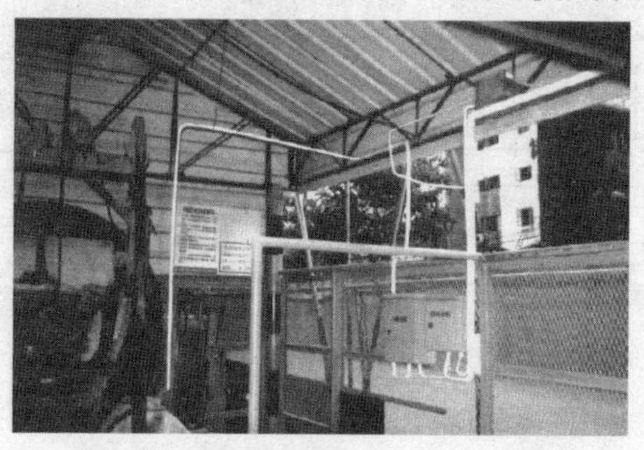

图 8-13

图 8-14

8.4 防雷措施

雷云起电是自然界的一种天气现象。密集的悬浮在天空中的水雾称为云，云层中的水滴电荷分布是不均匀的，负电荷散布在水滴的表面，正电荷集中在中心。若云层中的水滴或冰晶体受具有强烈涡流的气流冲击碰撞，就会破碎并分裂，气流带正电向上流动，充满云顶，而水滴或冰晶体则带负电下降到云的中部和下部。因此，就电气设备防雷的观点来研究雷云时，可把它简单看作带负电荷的电极。当正负电荷聚积到一定程度时，空气的绝缘性能就会遭到破坏，正负雷云之间以及雷云与大地之间产生发电现象。

雷电的形式有线状雷、片状雷和球雷等。雷云放电大多数是重复性的，一次雷电平均包括三至四次放电，重复的放电都是沿着第一次放电的通路发展的，这是由于雷云的大量电荷不是一次放完，第一次放电是从雷云最底层发生，随后的放电是从较高云层或相邻区域发生。每次雷电放电的全部时间可达十分之几秒。雷电流的幅值可达几十到几百千安。

雷电活动分布的一般规律大致如下：

（1）热而潮湿的地区比冷而干燥的地区雷暴多；

（2）雷暴的频数是山区大于平原，平原大于沙漠，陆地大于湖海；

（3）雷暴高峰月都在7、8月份，活动时间大都在14～22时。

雷电活动即使在同一区域，也有一定的选择性，并受下列因素影响：

（1）与地质构造有关，即与土壤电阻率有关，土壤电阻率小的地方易受雷击，在不同电阻率的土壤交界地段易受雷击；

（2）与地面上的设施情况有关，凡是有利于雷云与大地之间建立良好的放电通道者易受雷击，这是影响雷击选择性的重要因素；

（3）从地形来看，凡是有利于雷云的形成和相遇条件的易受雷击，我国大部分地区山的东坡、南坡较北坡、西北坡易受雷击，山中平地较峡谷易受雷击。

建筑物的雷击部位如下：

（1）屋角与檐角的雷击率最高；

（2）屋顶的坡度越大，屋脊的雷击率也越大，当坡度大于40°时，屋檐一般不会再受雷击；

（3）当屋面坡度小于27°，长度小于30m时，雷击点多发生在山墙，而屋脊和屋檐一般不再遭受雷击；

（4）雷击屋面的几率很小。

设计时，可对易受雷击的部位重点进行防雷保护。

雷电的破坏作用主要是雷电流引起的。它的危害基本可以分成两种类型：一是雷直接击在建筑物上发生的热效应作用和电动力作用；二是雷电的二次作用，即雷电流产生的静电感应作用和电磁感应作用。

雷电流的热效应主要表现在雷电流通过导体时产生出大量的热能，此热能能使金属熔化、飞溅，从而引起火灾或爆炸。

雷电流的机械力作用能使被击物破坏，这是由于被击物缝隙中的气体在雷电流作用下剧烈膨胀、水分急剧蒸发而引起被击物爆裂。此外，静电斥力、电磁推力也有很强的破坏作用，前者是指被击物上同性电荷之间的斥力，后者是指雷电流在拐角处或雷电流相平行处的推力。

当金属屋顶、输电线路或其他导体处于雷云和大地间所形成的电场中时，导体上就会感应出与雷云性质相反的大量的电荷（称为束缚电荷）。雷云放电后，云与大地间的电场突然消失，导体上的电荷来不及立即流散，因而产生很高的对地电位。这种对地电位称为“静电感应电压”。与此同时，束缚电荷向导线两侧传播，若此线路是直接引入建筑物的，则此高电位就侵入室内，而危及人身和设备的安全。

由于雷电流产生的电磁感应现象，在导体上会感应出很高的电压及大的电流，若回路间的导体接触不良，就会产生局部发热，若回路有间隙就会产生火花放电。

还有一种雷叫球雷，它能沿地面滚动或在空气中飘行。为防止球雷行入室内，在烟囱和通风管道处，装上网眼不大于 $4cm^2$、导线粗为 2～2.5mm 的接地铁丝网保护。

8.4.1 施工现场常用的避雷装置及使用范围

（1）避雷针

雷云放电总是朝地面电场梯度最大的方向发展的。避雷针靠其高耸空中的有利地位，造成较大电场梯度，把雷云引向自身放电，从而对周围物体起到保护作用。通常将避雷针装设在竖立在地面上的水泥杆或金属构架上，用来保护地面上高度不高的构筑物，如变电站和油库等。装在被保护物顶端的避雷针一般用来保护较为突出但水平面积很小的构筑物，如水塔、烟囱、电视塔、塔式起重机、井字架、龙门架等高大建筑机械设备。

从避雷针的顶端向下，周围约 60°角所能覆盖的建筑物、构筑物、机械设备等都处于该避雷针的保护范围内，简单地讲，避雷针的保护范围就是以避雷针为轴的直线圆锥体，直线与轴的夹角是 60°。

单支避雷针的保护范围可以用一个以避雷针为轴的圆锥形来表示，如图 8-15 所示，它可通过下列方法计算：

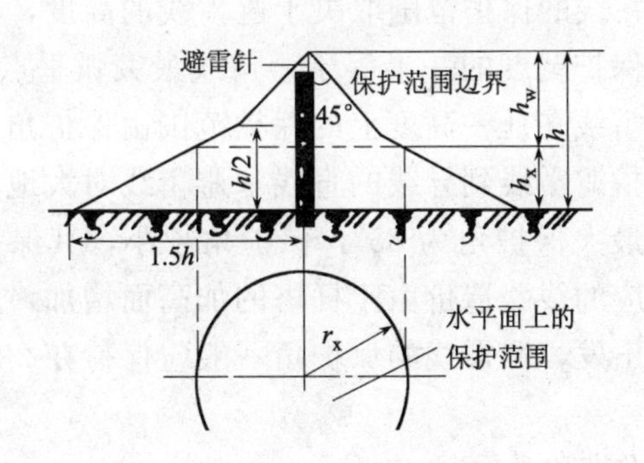

图 8-15 单支避雷针保护范围

避雷针在地面上的保护半径等于避雷针高度的 1.5 倍。

若要求出避雷针在任一高度上的保护范围，最主要的就是求出避雷针的有效高度，即避雷针的高度与被保护物高度之差。这可由下式求得：

当 $h_x \geqslant h/2$ 时，$h_a = \frac{r_x}{P}$

当 $h_x < h/2$ 时，$h_a = \frac{r_x}{2P} + \frac{h}{4} = \frac{1}{3}\left(\frac{2r_x}{P} + h_x\right)$

在上式中，避雷针保护半径 r_x 可理解为被保护物和避雷针之间的最大允许距离。

式中，P 值是修正系数，即：

当避雷针高度大于 30m 时，$P=1$；

当避雷针高度小于 30m 时，$P=\frac{5.5}{\sqrt{h}}$。

若被保护物不在单根避雷针的保护范围之内时，就必须装设二根或多根避雷针，二根、多根等高避雷针或不等高避雷针的保护范围可查阅有关设计手册。

（2）避雷线

避雷线的作用和避雷针相似，主要用来保护电力线路或狭长的建、构筑物及设施。

单根避雷线的保护范围取决于避雷线的高度，单根避雷线在地面上的保护宽度的一半等于避雷线最大弧垂点高度的 1.2 倍，单根避雷线在任一高度上的保护范围由保护角来表示。所谓保护角是指避雷线到导线的直线和避雷线对大地的垂直线之间的夹角，最大保护角为 35°，保护角越小，其保护可靠程度越高，但相应的线路造价由于杆塔的加高而增加，所以从安全经济的观点出发，避雷线的保护角一般应保持在 20°～30°范围内为宜。

（3）避雷带和避雷网

避雷带就是沿房屋边缘或屋顶敷设接地金属带进行雷电保护。雷击建筑物有一定的规律，最可能受雷击的地方是山墙、屋脊、烟囱、通风管道以及平屋顶的边缘等，在建筑物最可能受雷击的地方装设接闪装置（如屋脊、山墙、屋顶边缘处敷设镀锌扁钢避雷带，屋顶面积很大时采用避雷网），这样构成避雷带、避雷网的保护方式。

（4）避雷器

避雷器有阀型避雷器、管型避雷器和保护间隙之分，主要用于保护电力设备，也用作防止高电位侵入室内的安全措施。

避雷器装设在被保护物的引入端，其上端接于线路，下端接地。正常时，避雷器的间隙保持绝缘状态，不影响系统运行。雷击时，有高压冲击波沿线路袭来时，避雷器间隙击穿而接地，从而强行截断冲击波（图 8-16）。这时，能够进入被保护物的电压仅为雷电流通过避雷器及其引线和接地装置而产生的所谓残压。雷电流通过以后，避雷器间隙又恢复绝缘状态，保证系统正常运行。

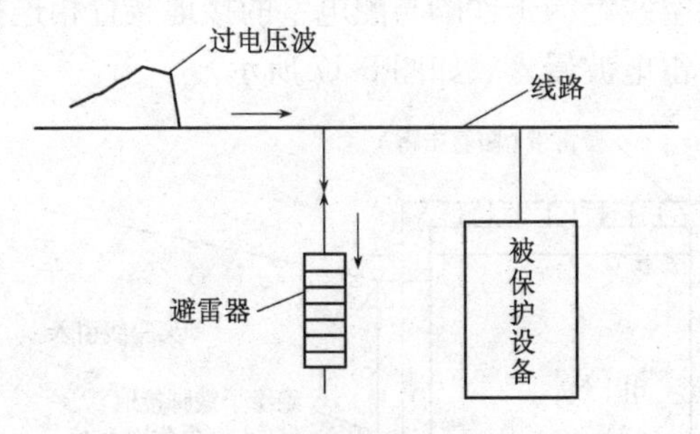

图 8-16　避雷器作用原理

（5）施工现场对避雷装置的装置

施工现场具有临时性、露天性和移动性的特点，它的防雷要求应根据实际情况而决定，防雷装置的设置应符合下述规定：

1）根据场内的起重机、井字架及龙门架等机械设备的高度，以及是否在相邻建筑物、构筑物的防雷装置保护范围以外，再参考地区年平均雷暴日（d）多少来决定是否安装防雷装置。表 8-1 是施工现场内机械设备需安装防雷装置的规定。

若最高机械设备上的避雷针，其保护范围能够保护其他设备，且最后退出现场，则其他设备可不设防雷装置。

施工现场内机械设备需安装防雷装置的规定　　表 8-1

地区年平均雷暴日(d)	机械设备高度(m)
≤15	≥50
>15　<40	≥32
≥40　<90	≥20
≥90 及雷害特别严重的地区	≥12

2）施工现场专用变电所应对直击雷和雷电侵入波进行保护，对直击雷的保护采用避雷针，对架空进线段的保护采用阀型避雷器、避雷线和管型避雷器，对架空出线段的保护采用阀型避雷器。变电所防雷接地线应与工作接地线相连接。

3）施工现场的低压配电室的屋面应装设避雷带，进线和出线处应将架空线绝缘子铁脚与配电室的接地装置相连接，做防雷接地，以防雷电波侵入（如图 8-17 所示）。

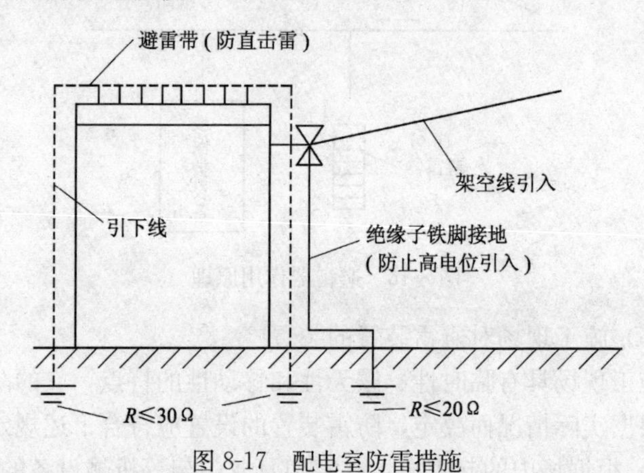

图 8-17　配电室防雷措施

4）当采用避雷带保护施工现场各类建筑物的屋面时，要求屋面上任何一点距离避雷带不应大于 10m，当有三条及以上平行避雷带时，每隔 30～40m 将平行的避雷带连接起来，并要有二根以上的引下线，引下线间的距离不宜大于 30m，而冲击接地电阻要求不大于 30Ω。

5）施工现场的配电线路，如采用架空线路，则需在其上方加设避雷带以防直击雷，同时为防止雷电波沿架空线侵入户内，应在进户处或接户杆上将绝缘子铁脚与电气设备接地装置相连接，土壤电阻率在 200Ω·m 及以下地区，使用铁横担、钢筋混凝土杆线路除外。

8.4.2 避雷装置的要求

（1）避雷针（接闪器）长度应为 1～2m。可用直径为 16mm 的镀锌圆钢或 25mm 镀锌钢管制作。避雷带可用直径不小于 8mm 的镀锌圆钢或截面积不小于 $48mm^2$、厚度不小于 4mm 的镀锌扁钢制作。避雷带（网）距屋面为 100～150mm，支持卡间距离为 1～1.5m。

（2）引下线可采用截面积不小于 $48mm^2$、厚度不大于 4mm 的镀锌扁钢或直径不小于 8mm 的镀锌圆钢等，要保证电气连接的可靠，各段之间及引下线与接闪器之间应焊接，不得采用铝线作引下线。安装避雷针的机械设备的引下线可利用该设备的金属结构体，但必须保证可靠的电气连接。当利用建筑物中的钢筋作为防雷引下线时，钢筋直径为 16mm 及以上，应利用两根钢筋（绑扎或焊接）作为一组引下线；钢筋直径为 10mm 及以上时，应利用四根钢筋（绑扎或焊接）作为一组引下线。

（3）接地体安装可参照重复接地装置的接地体要求。但防雷接地的电阻值要求比重复接地的电阻值大，所以接地极的长度和根数要根据实际情况确定。

（4）同一台电气设备的重复接地与防雷接地可以使用同一个接地体，接地电阻应符合重复接地电阻值的要求。

（5）防雷接地电阻。流过接地体的电流（工频电流）所表现的电阻也叫工频接地电阻。雷击电流称为冲击电流，所表现的电阻称为冲击接地电阻。

用接地电阻表所测得的接地电阻是工频接地电阻。根据有关资料介绍，一般工频接地电阻与冲击接地电阻的计算关系为：

在土壤电阻率等于或小于 100Ω·m 的地方，工频接地电阻等于冲击接地电阻；

在土壤电阻率大于100～500Ω·m的地方，工频接地电阻除以1.5即为冲击接地电阻；

在土壤电阻率大于500～1000Ω·m的地方，工频接地电阻除以2即为冲击接地电阻；

施工现场内所有防雷装置的冲击接地电阻不得大于30Ω。

(6) 安装避雷针的机械上电气线路的敷设。对装有避雷针的机械设备上所用动力、照明、信号及通信等线路，均应采取钢管敷设。并将钢管与该机械设备的金属构架作电气连接。

施工现场的防雷措施，要根据施工所在地区的实际情况而确定采取什么防雷措施及要求。有些工地处于旷野地区施工，周围根本没有保护伞，按当地雷暴日天数，机械的高度等因素可以考虑不设避雷保护，但是往往会受到雷击，所以处在这种环境条件下施工，对于工地上突出的机械设备，还有架空线路等，应采取防雷措施为好；有的施工处于高坡和土岗上，应按附近坡下的地面计算高度。

(7) 防雷装置应定期检查。10kV以下的防雷装置，每3年检查一次，但避雷器应在每年雨季前检查一次。检查分外观和测量两方面。外观检查接闪器、引下线等各部分连接是否牢固、是否锈蚀等。测量接地电阻值、绝缘电阻、泄露电阻、工频放电电压大小等。

9 施工现场的照明

施工现场的照明，包括施工作业面上的照明、机械设备的照明、材料加工与材料堆放场地照明、坑洞、人防地下室、道路、仓库、现场办公室等工作照明和临时宿舍、食堂、浴室等生活照明。

施工现场照明配电包括照明配电箱、开关箱和照明线路、照明开关和照明灯具。

9.1 常用照明器

用于照明的电光源，按其发光机理可分为两大类：(1) 热辐射光源——利用物体加热时辐射发光的原理所制造的光源。白炽灯、卤钨灯（碘钨灯和溴钨灯等）都属此类。(2) 气体放电光源——利用气体放电时发光的原理所制造的光源。荧光灯、高压汞灯、高压钠灯、金属卤化物灯和氙灯均属此类。此处的高压、低压是指灯管内气体放电时的气压。下面分别对这几类光源作使用上的介绍。

9.1.1 常用照明器的种类

(1) 白炽灯

白炽灯是靠钨丝白炽体的高温热辐射发光，构造简单，使用方便。但热辐射中只有2%～3%为可见光，发光效率低，平均寿命为1000h，经不起振动。电源电压变化对灯泡的寿命和光效有严重影响，故电源电压的偏移不宜大于±2.5%。

使用白炽灯时应注意以下几点：

1）灯丝的冷态电阻比热态电阻小得多，在起燃瞬间，电流较大。因此，一个开关不宜控制过多的灯。

2）由于白炽灯消耗的电能中很大一部分转化为热能，故玻璃壳内的温度很高，在使用中应防止水溅到灯泡上，以免玻璃壳炸裂。

3）灯泡上所标注的额定电压必须与电网供电电压相符合。

4）装卸灯泡时，应先断开电源，特别要注意不要用潮湿的手去装卸带电的灯泡。

5）螺口灯头的接线，相线应接在中心触点的端子上，零线接在螺纹的端子上，灯头的绝缘外壳不应有损伤或漏电。

6）灯头离地的安装高度应符合下列规定：在潮湿、危险场所，室内不低于2.5m，室外不低于3m（在墙上安装时应不低于2.5m)；一般生产车间、办公室、商店、住房等场所，应不低于2m。如因生产和生活需要，必须将灯适当放低时，应不低于1m，但在吊灯线上应加绝缘套管至离地2m以上的高度。

（2）卤钨灯

卤钨灯是一种新型的热辐射电光源。它是在白炽灯的基础上改进而来，与白炽灯相比，它有体积小、光通量稳定、光效高、光色好、寿命长等特点。

卤钨灯主要由电极、灯丝、石英灯具组成。灯管内抽成真空后充以微量的卤素和氮气，由于灯管尺寸小，机械强度高，充入的惰性气体压力较高，这样就有效地抑制灯丝的挥发，所以卤钨灯较白炽灯使用寿命要长。

卤钨灯的发光原理与白炽灯相同。在通电后灯丝被加热至白炽状态而发光。卤钨灯的性能比白炽灯有所改进，主要是卤钨循环的作用。所谓卤钨循环是：当卤钨灯点燃后，灯丝温度很高，灯管温度也超过200℃，这时挥发出来的钨和卤素在靠近灯管壁附近化合成卤化钨；使钨不致沉积在管壁上，有效地防止了灯管发黑，提高发光效率。卤化钨又在高温灯丝附近被分解，其中有些钨回到灯丝上去，这就是卤钨循环。它使灯管在整个使用期间保持良好的透明度，并使灯具发光效率、光通量稳定，光色、寿命比白炽灯都有所改善。

使用卤钨灯时应注意以下几点：

1）卤钨灯在整个使用寿命内，光通量保持稳定，发光效率比白炽灯有明显的提高。

2）卤钨灯管尺寸小，使照明器小型化，但石英灯管价格高。

3）卤钨灯安装必须保持水平，倾斜角不得大于±4°。

4）由于灯丝温度高，卤钨灯比白炽灯辐射的紫外线多。

5）灯管管壁温度高达600℃左右，故不能与易燃物接近，也不允许采用人工冷却。

6）卤钨灯耐振性差，不宜装在有振动的场所使用。也不宜作移动式局部照明。

7）卤钨灯要配专用的照明灯具。

（3）荧光灯（日光灯）

荧光灯靠汞蒸气放电时发出可见光和紫外线，后者激励灯管内壁的荧光粉而发光，光色接近白色。荧光灯是低气压放电灯，工作在弧光放电区，当外电压变化时工作不稳定，所以必须与镇流器一起使用，将灯管的工作电流限制在额定数值。

使用荧光灯时应注意以下几点：

1）荧光灯工作最适宜的环境温度为18～25℃，环境温度过高或过低都会造成启动的困难和光效的下降。当环境的相对湿度在75%～80%范围时，灯管放电所需的起燃电压将急剧上升，会造成启动的困难。

2）灯管必须与相应规格的镇流器和启辉器配套使用，否则会缩短灯的寿命或造成启动困难。

3）电源电压的变化不宜超过±5%，否则将影响灯的光效和寿命。

4）荧光灯最忌频繁启动，频繁启动会使寿命缩短。

5）破碎的灯管要及时妥善处理，防止汞害。

（4）荧光高压汞灯（高压水银荧光灯）

照明常用的高压汞灯分荧光高压汞灯、反射型荧光高压汞灯和自镇流荧光高压汞灯三种。反射型荧光高压汞灯玻壳内壁上部镀有铝反射层，具有定向反射性能，使用时可不用灯具；自镇流荧光高压汞灯用钨丝作为镇流器，是利用高压汞蒸气放电、白炽体和荧光材料三种发光物质同时发光的复合光源。这类灯的外玻壳内壁都涂有荧光粉，它能将汞蒸气放电时辐射的紫外线转变为可见光，以改善光色，提高光效。荧光高压汞灯的光效比白炽灯高三倍左右，寿命也长，启动时不需加热灯丝，故不需要启辉器，但显色性差。

电源电压变化对荧光高压汞灯的光电参数有较大影响，故电源电压变化不宜大于±5%。

使用时应注意下列几点：

1）灯可以在任意位置点燃，但水平点燃时，光通输出将减少 7%，且容易自熄。

2）外玻壳破碎后，灯虽仍能点亮，但将有大量紫外线辐射，会灼伤人眼和皮肤。

3）外玻壳温度较高，必须配用足够大的灯具，否则会影响灯的性能和寿命。

4）灯管必须与相应规格的镇流器配套使用，否则会缩短灯的寿命或造成启动困难。

5）再启动时间长，不能用于有迅速点亮要求的场所。

6）破碎的灯管要及时妥善处理，防止汞害。

（5）高压钠灯

它是利用高压钠蒸气放电，其辐射光的波长集中在人眼较灵敏的区域内，故光效高，为荧光高压汞灯的 2 倍，且寿命长，但显色性欠佳。电源电压的变化对高压钠灯的光电参数也有影响。电源电压上升时，由于管压降的增大，容易引起灯自熄；电源电压降低时，光通量将减少，光色变差，电压过低时灯可能熄灭或不能启动，故电源电压的变化不宜大于±5%。

使用时应注意，配套灯具宜专门设计，不仅要考虑到由于外玻壳温度很高必须具有良好的散热条件，同时还要考虑高压钠灯的放电管是半透明的，灯具的反射光不宜通过放电管，否则会使放电管因吸热而温度升高，破坏封接处，影响寿命，且易自熄。其余的使用注意事项与高压汞灯所列的使用注意事项4)、5)、6)三项相同。

(6) 金属卤化物灯（金属卤素灯）

它是在荧光高压汞灯的基础上为改善光色而发展起来的一种新型光源，不仅光色好，而且光效高。在高压汞灯内添加某些金属卤化物，靠金属卤化物的循环作用，不断向电弧提供相应的金属蒸气，金属原子在电弧中受激发而辐射该金属的特征光谱线。选择适当的金属卤化物并控制它们的比例，便可制成各种不同光色的金属卤化物灯，目前常用的是400W钠铊铟灯和日光色（管形）镝灯。

接入电路时需配用镇流器，1000W钠铊铟灯须加触发器启动。电源电压变化不但会引起光效、管压等的变化，而且会造成光色的变化，在电源电压变化较大时，灯的熄灭现象也比高压汞灯更严重，故电源电压的变化不宜大于±5%。

使用时应注意以下几点：

1) 无外玻壳的金属卤化物灯，由于紫外辐射较强，灯具应加玻璃罩（无玻璃罩时，悬挂高度一般不宜低于14m），以防止紫外线灼伤眼睛和皮肤。

2) 管形镝灯根据使用时放置方向的要求有三种结构形式：①水平点燃；②垂直点燃，灯头在上；③垂直点燃，灯头在下。安装时必须认清点灯方向标记，正确使用，且灯轴中心偏离不大于±15°。要求垂直点燃的灯，若水平安装会有灯管爆裂的危险，若灯头方向调错，则灯的光色会改变。

3) 其他使用注意事项与高压汞灯的4)、5)、6)三项相同。

(7) 管形氙灯（又称长弧氙灯）

高压氙气放电时能产生很强的白光，接近连续光谱，和太阳光十分相似，故有“小太阳”之称，特别适合于大面积场所照明。高压氙气饱和放电的伏安特性，与金属蒸气放电不同，因此在正常工作时可不用镇流器，但为了提高电弧的稳定性和改善启动性能，目前小功率管形氙灯（如1500W）仍用镇流器。管形氙灯点燃瞬间即能达到80％光输出，光电参数一致性好，工作稳定，受环境温度影响小，电源电压波动时容易自熄。

使用时应注意下列事项：

1）因辐射强紫外线，安装高度不宜低于20m。

2）灯管工作温度很高，灯座及灯头的引入线应采用耐高温材料。灯管需保持清洁，以防止高温下形成污点，降低灯管透明度。

3）灯管应水平安装。

4）应注意触发器的正确安装和使用。触发器应尽量靠近灯管安装，其高频输出线长度不宜超过3m，并不得与任何金属和绝缘差的导电体相接触，应保持40mm距离，防止高频损耗。触发器为瞬时工作设备，每次触发时间不宜超过10s，更不允许用任何开关代替触发按钮，以免造成连续运行而烧坏触发器。当它触发瞬间，将产生数万伏脉冲高压，应注意安全。

9.1.2 常用照明器的安装及选用

（1）常用照明器的悬挂高度

照明器的悬挂高度主要考虑防止眩光，保证照明质量和安全，照明器距地面最低悬挂高度见表9-1。

照明灯具距地面最低悬挂高度的规定　　表9-1

光源种类	灯具形式	光源功率(W)	最低悬挂高度(m)
白炽灯	有反射罩	≤100	2.5
		150～200	3.5
		300～500	4.0
	有乳白玻璃反射罩	≤100	2.0
		150～200	2.5
		300～500	3.0
卤钨灯	有反射罩	≤500	6.0
		1000～2000	7.0

续表

光源种类	灯具形式	光源功率(W)	最低悬挂高度(m)
荧光灯	无反射罩	<40 >40	2.0 3.0
	有反射罩	≥40	2.0
荧光高压汞灯	有反射罩	≤125 250 400	3.5 5.0 6.5
高压汞灯	有反射罩	≤125 250 400	4.0 5.5 6.5
金属卤化物灯	搪瓷反射罩 铝抛光反射罩	400 1000	6.0 14.0
高压钠灯	搪瓷反射罩 铝抛光反射罩	250 400	6.0 7.0

注：① 表中规定的灯具最低悬挂高度在下列情况可降低 0.5m，但不应低于 2m。（1）一般照明的照度低于 30lx 时；（2）房间长度不超过灯具悬挂高度的 2 倍；（3）人员短暂停留的房间。

② 当有紫外线防护措施时，悬挂高度可适当降低。

（2）常用照明器的选用

照明器的选用应根据照明要求和使用场所的特点，一般考虑如下：

1）照明开闭频繁，需要及时点亮，需要调光的场所，或因频闪效应影响视觉效果的场所，宜采用白炽灯或卤钨灯。

2）识别颜色要求较高、视看条件要求较好的场所，宜采用日光色荧光灯、白炽灯和卤钨灯。

3）振动较大的场所，宜采用荧光高压汞灯或高压钠灯，有高挂条件并需要大面积照明的场所，宜采用金属卤化物灯或长弧氙灯。

4）对于一般性生产用工棚间、仓库、宿舍、办公室和工地道路等，应优先考虑选用投资低廉的白炽灯和日光灯。

（3）照明器安装一般要求

1）安装的照明器应配件齐全，无机械损伤和变形，灯罩无损坏。

2）螺口灯头接线必须相线接中心端子，零线接螺纹端子。灯头不能有破损和漏电。

3）照明器使用的导线最小线芯截面应符合表9-2的规定。截面允许载流量必须满足灯具要求。

线芯最小允许截面 **表9-2**

安装场所及用途	线芯最小截面（mm^2）		
	铜芯敷线	铜 线	铝 线
照明灯头线：1. 民用建筑室内	0.4	0.5	1.5
2. 工业建筑室内	0.5	0.8	2.5
3. 室外	1.0	1.0	2.5
移动式用电设备：1. 生活用	0.2	—	—
2. 生产用	1.0		

4）灯具安装高度：室内一般不低于2.5m；室外不低于3m。灯具安装高度如不能满足要求，而且又无安全措施等应采用36V及以下安全电压。

5）配电屏的正上方不得安装灯具，以免造成眩光，影响对屏上仪表等设备的监视和抄读。

6）软线吊灯重量限于1kg以下，灯具重量超过1kg时，应采用吊链或钢管吊装灯具。采用吊链时，灯线宜与吊链编叉在一起。

7）事故照明灯具应有特殊标志。

9.2 室外照明

现场照明的质量保证和基本条件就是要保证电压的正常和稳定。电压偏低与偏移会造成光线灰暗，影响施工；电压过高了会使灯具过亮，发出很强的眩光，使施工人员难以适应，也会造成灯具寿命缩短甚至当即烧毁。因此对照明线路的设置有相关要求。

9.2.1 照明灯具电源末端的电压偏移要求

（1）一般工作场所（室内或室外），电压偏移允许为额定电压值的－5％～5％。远离电源的小面积工作场所，电压偏移值允许为额定电压值的－10％～5％（见表9-3）。

各种用电设备端允许的电压偏移范围　　表9-3

用电设备种类及运转条件		允许电压偏移值(％)	
		－	＋
电动机		5	5
起重电动机(起动时校验)		15	
电焊设备(在正常尖峰焊接电流时持续工作)		8～10	
照明	室内照明在视觉要求较高的场所		
照明	1. 白炽灯	2.5	5
照明	2. 气体放电灯	2.5	5
照明	室内照明在一般工作场所	6	
照明	露天工作场所	5	
照明	事故照明、道路照明、警卫照明	10	
照明	12～36V照明	10	

（2）道路照明、警卫照明或额定电压为220V的照明，电压偏移值允许为额定电压值的－10％～5％。

为了保证电压的正常和稳定应做到：现场配电、用电力求三相平衡；根据照明负荷合理选择导线；经常检修使线路保持完好。

9.2.2 常用照明器的选择、照明线路的排设要求

施工现场的一般场所宜选用额定电压为220V的照明器。为了便于作业和活动，在一个工作场所内，不得只装设局部照明。局部照明是指仅供局部工作地点（分固定或携带式）的照明。停电后，操作人员需及时撤离现场的特殊工程，必须装设自备电源

的应急照明。

(1) 照明器使用的环境条件

1) 正常湿度时，选用开启式照明器；

2) 在潮湿或特别潮湿的场所，选用密闭型防水防尘照明器或配有防水灯头的开启式照明器；

3) 含有大量尘埃但无爆炸和火灾危险的场所，采用防尘型照明器；

4) 对有爆炸和火灾危险的场所，必须按危险场所等级选择相应的照明器；

5) 在有振动较大的场所，应选用防振型照明器；

6) 对有酸碱等强腐蚀的场所，应采用耐酸碱型照明器。

(2) 特殊场合照明器

1) 隧道、人防工程，有高温、导电灰尘或灯具离地面高度低于 2.4m 等场所的照明，电源电压应不大于 36V；

2) 在潮湿和易触及带电体场所的照明电源电压不得大于 24V；

3) 在特别潮湿的场所、导电良好的地面、锅炉或金属容器内工作的照明电源电压不得大于 12V。

(3) 行灯使用要求

1) 电源电压不得超过 36V；严禁利用额定电压 220V 的临时照明灯具作为行灯使用；

2) 灯体与手柄应坚固、绝缘良好并耐热耐潮湿；

3) 灯头与灯体结合牢固，灯头上无开关；

4) 灯泡外面有金属保护网；

5) 金属网、泛光罩、悬挂吊钩固定在灯具的绝缘部位上。

(4) 照明系统中灯具、插座的数量

在照明系统的每一单相回路中，灯具和插座的数量不宜超过 25 个，并应装设熔断电流为 15A 及 15A 以下的熔断器保护。一方面是为了三相负荷的平均分配，另一方面也为了便于控制，防止互相影响。

(5) 照明线路

施工现场照明线路的引出处，一般从总配电箱处单独设置照明配电箱。为了保证三相平衡，照明干线应采用三相线与工作零线同时引出的方式，也可以根据当地供电部门的要求和工地具体情况，照明线路也可从配电箱内引出，但必须装设照明分路开关，并注意各分配电箱引出的单相照明应分相接地，尽量做到三相平衡。

工作零线截面的选择：

1) 单相及两相线路中，零线截面与相线截面相同；

2) 三相四线制线路中，当照明器为白炽灯时，零线截面按相线载流量的50%选择；当照明器为气体放电灯时，零线截面按最大负荷相的电流选择；

3) 在逐相切断的三相照明电路中，零线截面与相线截面相同；若数条线路共用一条零线时，零线截面按最大负荷相的电流选择。

图 9-1 为施工现场照明设置的一种形式。

图 9-1　施工现场照明

(6) 室外照明装置

1) 照明灯具的金属外壳必须作保护接零。单相回路的照明开关箱（板）内必须装设漏电保护器。

2）室外灯具距地面不得低于3m，钠、铊、铟等金属卤化物灯具的安装高度应在离地5m以上；灯线应固定在接线柱上，不得靠灯具表面；灯具内接线必须牢固。

3）路灯的每个灯具应单独装设熔断器保护。灯头线应做防水弯。

4）荧光灯管应用管座固定或用吊链。悬挂镇流器不得安装在易燃的结构上。露天设置应有防雨措施。

5）投光灯的底座应安装牢固，按需要的光轴方向将枢轴拧紧固定。

6）施工现场夜间影响飞机或车辆通行的在建工程设备（塔式起重机等高突设备），必须安装醒目的红色信号灯，其电源线应设在电源总开关的前侧。这主要是保证夜间不因工地其他停电而红灯熄灭。

9.3 室内照明装置

9.3.1 室内照明灯具的选择及接线的要求

（1）室内灯具装设不得低于2.4m。

（2）室内螺口灯头的接线。相线接在与中心触头相连的一端，零线接在与螺纹口相连接的一端；灯头的绝缘外壳不得有破损和漏电。

（3）在室内的水磨石、抹灰现场，食堂、浴室等潮湿场所的灯头及吊盒应使用瓷质防水型，并应配置瓷质防水拉线开关。

（4）任何电器、灯具的相线必须经开关控制，不得将相线直接引入灯具、电器。

（5）在用易燃材料作顶棚的临时工棚或防护棚内安装照明灯具时，灯具应有阻燃底座，或加阻燃垫，并使灯具与可燃顶棚保持一定距离，防止引起火灾。对安装在易燃材料存放的场所和危险品仓库的照明器材，应选用符合防火要求的电器器材或采取其他防护措施。

（6）工地上使用的单相 220V 生活用电器如食堂内的鼓风机、电风扇、电冰箱应使用专用漏电保护器控制，并设有专用保护零线。电源线应采用三芯的橡皮电缆线。固定式应穿管保护，管子要固定。

9.3.2　开关及电器的设置要求

（1）暂设工程的照明灯宜采用拉线开关。开关距地面高度为 2～3m；与出、入口的水平距离为 0.15～0.2m。拉线的出口应向下。

（2）其他开关距地面高为 1.3m，与出、入口的水平距离为 0.15～0.2m。

（3）对民工的临时宿舍内的照明装置及插座要严格管理。如有必要可对民工宿舍的照明采用 36V 安全电压照明。防止民工私拉、乱接电炊具或违章使用电炉。

（4）如照明采用变压器必须使用双绕组型，严禁使用自耦式变压器，携带式变压器的一次侧电源引线应采用橡皮护套电缆或塑料护套软线。其中黄/绿双色线作保护零线用，中间不得有接头，长度不宜超过 3m，电源插销应选用有接地触头的插销。

（5）为移动式电器和设备提供电源的插座必须安装牢固，接线正确，插座容量一定要与用电设备容量一致，单相电源应采用单相三孔插座，三相电源应采用三相四孔插座，不得使用等边圆孔插座。单相三孔插座接线时，面对插座左孔接工作零线，右孔

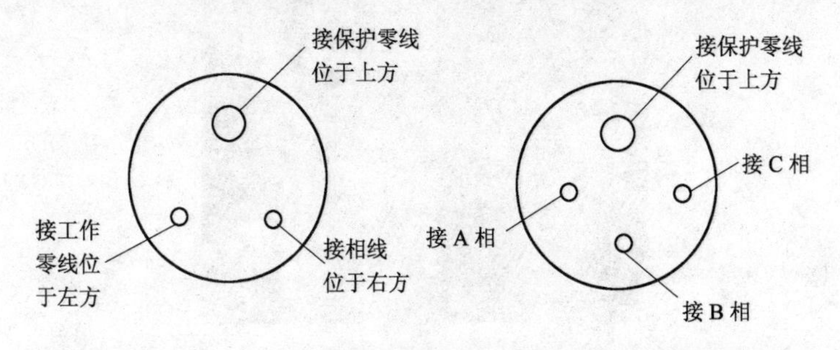

图 9-2　插座接线

接相线，上孔接保护零线或接地线，严禁将上孔与左孔用导线相连接；三相四孔插座接线时，面对插座左孔接 A 相线，下孔接 B 相线，右孔接 C 相线，上孔接保护零线或接地线（图 9-2）。图 9-3 为正确的安装方式与错误的安装方式的示例。

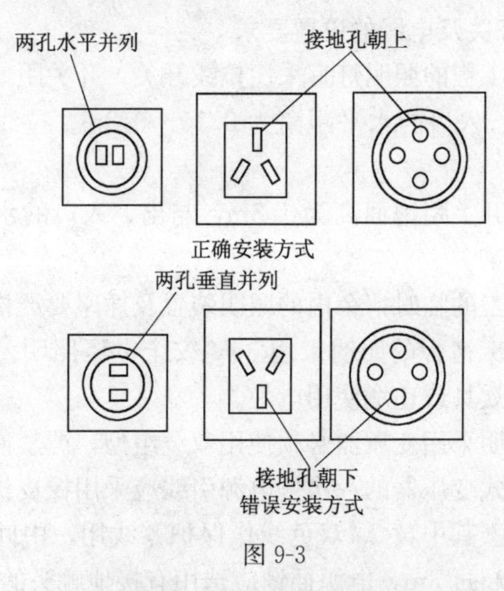

图 9-3

图 9-4　宿舍漏电保护器设置

现场照明中应严格做到：手持式照明必须采用安全电压；危险场所必须使用安全电压；电线如发现老化、绝缘破损应及时调换；电源线按规范安装，杜绝乱拖乱拉；照明线路及灯具的安装距离严格按规定安装。这样才能做到安全、文明用电。

图 9-4 为施工现场宿舍漏电保护器设置的一种形式。

10 施工用电的电气防火及灭火知识

火灾和爆炸事故往往是重大的人身事故和设备事故。电气火灾和爆炸事故在火灾和爆炸事故中占有很大比例。引起火灾的电气原因仅次于一般明火。

特别是电气设备与可燃物接触或接近时，火灾危险性更大。在高压电气设备中，电力变压器和多油断路器有较大的火灾危险性，而且还有爆炸的危险性。

电气火灾火势凶猛，如不及时扑灭，势必造成迅速蔓延。

10.1 施工用电的电气起火分析

10.1.1 线路起火

在配电线路方面引起火灾，除了安装不当，设计和施工方面原因外，在运行中，电流的热量和电流的火花是引起火灾的直接原因。

(1) 短路：线路发生短路时，电流增加为正常的几倍甚至几十倍，而产生的热量又和电流的平方成正比，使得温度急剧上升。如温度达到易燃物的自燃点，即引起燃烧，导致火灾。

(2) 过载：过载也会引起电气设备发热，当选用的线路不合理，以致在过载情况下导线发热，长时期过载就会引起火灾。

(3) 乱拉乱绑电线：造成线路绝缘的损坏，或在易燃的火灾危险场所乱拉电线。当绝缘损坏造成漏电和短路引起火灾。

(4) 导线接触不良：导线的连接不紧密，接头松动，导线的机械强度不够、断线落在易燃物品上。有的电源线有接头，但接头处绝缘不符要求，受潮浸水后发生漏电、短路事故引发火灾。

10.1.2　电气设备起火

（1）照明灯具安装在木结构、竹结构甚至竹笆、席子上，灯泡功率大，紧靠支持物。易燃物被烤焦而引发火灾。

（2）木制配电箱、开关箱将开关电器直接安装在木质配电板上，当开关电器发生过载、短路故障时引起燃烧。

（3）手持电动工具、行灯、电气设备使用时靠近易燃物而引起火灾。

（4）变配电室建在易燃物附近、室内堆放易燃、易爆物品，如汽油、柴油而引发火灾。

（5）自备发电机放在席棚里，与燃油不设隔离，附近还有易燃物就会引起火灾。

（6）油漆、汽油等易燃物或液体器皿放在电机、电器旁，氧气、乙炔瓶靠近电气设备引发火情。

电气开关、电动设备在正常运行中就会产生火花，所以上述几种做法是很危险的，不一定在故障情况下才会引发火灾。

对电器设备在运行中的超载、设备自身的缺陷、损坏、焊接过程的火花飞溅，都是构成危险的火源。

另外对民工宿舍内的违章使用电炉、电加热器、冬季的电热毯都是危险的火源。

10.2　电气防火措施

防火、防爆措施必须是综合性的措施，从电气防火的技术措施入手做到选用合理的电气设备，保持必要的防火间距、保持电气设备正常运行、保持通风良好、采用耐火设施、装设良好的保护装置等技术措施。

从组织措施入手建立必要的管理制度和开展电气防火教育及检查等制度。

10.2.1　电气设备

（1）要严格按规定，选用与电气设备的用电负荷相匹配的开关、电器，线路的设计与导线的规格也要符合规定，以保护装置的完好。

（2）照明灯具及发热、产生电火花的电气设备，从安装到使用过程中都不容许与易燃物靠近，应保持一定的距离。

（3）电气设备要严格按其性能运行，不准超载运行，做好经常性的检修保养使设备能正常运行，并保持通风良好。

（4）火灾危险场所使用的电气设备，应根据《爆炸危险环境电力装置设计规范》（GB 50058—2014）列出其中“火灾危险环境的电气装置”有关要求，供施工中运用。

（5）雷电也能引起火灾，对避雷装置要注意检修保养，保持接地良好。有静电时还要做好防静电火灾的防护。

（6）变配电所的耐火等级要根据变压器的容量及环境条件，提高耐火性能。

（7）配电箱要选用非木质的绝缘材料制作，包括配电板的材料，提高耐火性能。

10.2.2 电气防火组织措施

（1）建立易燃、易爆和强腐蚀介质的管理制度。

（2）建立健全电气防火责任制，加强电气防火重点场所烟火控制，设置禁火标志。

（3）建立电气防火教育制度，要经常性开展电气防火知识的宣传教育，特别是加强对民工的安全用电教育。

（4）建立电气防火的应急预案，开展定期的电气防火专项检查或同平时防火检查结合起来进行演练，开展防火检查工作。

只要我们认真落实“安全第一、预防为主”的方针，落实措施，就能避免事故。

10.3 电气火灾扑救常识

电气火灾有两个明显特点：一个特点是着火后电气设备可能是带电的，如不注意可能引起触电事故；另一个特点是有些电气设备（如电力变压器、多油断路器等）本身充有大量的油，受热后有可能发生喷油甚至爆炸，造成火灾迅速扩大。

扑灭火灾注意事项：

（1）首先应迅速设法切断电源，以防发生触电事故。因为盲目灭火拿起导电的灭火剂，如水枪及型号不符的灭火器，拿起来就喷，射至带电部分就可能发生触电。火灾发生后，电气设备可能因绝缘损坏而碰壳短路，电气线路也可能因电线断落而接地短路，使正常时不带电的金属构架、地面等部位带电，也可能导致接触电压或跨步电压触电的危险。所以要切断电源。

（2）火灾发生后，由于受潮或烟熏，开关设备绝缘能力降低，因此，拉闸时最好用绝缘工具操作；切断电源的地点要选择适当，防止切断电源后影响灭火工作。

（3）如需切断电线时，不同相线应在不同部位剪断，以免造成短路；剪断空中电线时，剪断位置应选择在电源方向支持物附近，以防剪断电线掉下来造成接地短路或触电事故。对已落下来的电线处要设警界区域。

（4）当一时无法切断电源时，为了争取时间，就需要采取带电灭火。带电灭火剂有：二氧化碳、四氯化碳、二氟一氯一溴甲烷（简称1122）、二氧二溴甲烷或干粉灭火剂，这些都是不导电的。泡沫灭火机的灭火剂有导电性能，带电灭火严禁使用。

带电灭火时，现场所有人员应防止电线断落后触及人体，人与带电体保持安全距离。

（5）充油电气设备着火时，应立即切断电源再灭火。备有事故贮油池的，必要时设法将油放入池内。地面上的油火不能用水喷射，以防油火漂浮水面而蔓延扩大。

为了防止电气火灾的发生，现场应备有常用的消防器材外，还应根据情况配备适当的带电灭火器材。

（6）当火势较大，一时难以扑灭或可能引起严重后果时，应立即通知消防部门，不可延误时机。

11 触电与触电伤害的现场急救

当人体接触电气设备或电气线路的带电部分，并有电流流经人体时，人体将会因电流刺激而产生危及生命的所谓医学效应。这种现象称为人体触电。

11.1 触电事故的特点

人们常称电击伤为触电。电击伤是由电流通过人体所引起的损伤，大多数是人体直接接触带电体所引起。在电压较高或雷电击中时则为电弧放电而致损伤。由于触电事故的发生都很突然，并在相当短的时间内对人体造成严重损伤，故死亡率较高。根据事故统计，触电事故有如下特点：

（1）事故原因大多是由于缺乏安全用电知识或不遵守安全技术要求，违章作业。因此新工人、青年工人和非专职电工的事故占较大比重。

（2）触电事故的发生有明显的季节性。一年中春、冬两季触电事故较少，夏秋两季，特别是6、7、8、9四个月中，触电事故特别多。

其主要原因不外乎气候炎热、多雷雨，空气中湿度大，这些因素降低了电气设备的绝缘性能，人体也因炎热多汗，皮肤接触电阻变小，衣着单薄，身体暴露部分较多，大大增加了触电的可能性。一旦发生触电时，便有较大强度的电流通过人体，产生严重的后果。

（3）低压工频电源的触电事故较多。据统计，此类电源所引起的事故占总数的90%以上，低压设备远比高压设备应用广泛，人们接触的机会较多，加上220/380V的交流电源习惯称其为

"低压"，好多人不够重视，丧失警惕，容易引起触电事故。

11.2 触电的类型以及对人体的影响

11.2.1 触电的类型

一般按接触电源时情况不同，常分为两相触电、单相触电和"跨步电压"触电。

(1) 两相触电

人体同时接触二根带电的导线（相线），因为人是导体，电线上的电流就会通过人体，从一根电线流到另一根电线，形成回路，使人触电，称为两相触电（图 11-1），人体所受到的电压是线电压，因此触电的后果很严重。

图 11-1 两相触电

(2) 单相触电

如果人站在大地上，接触到一根带电导线时，因为大地也能导电，而且和电力系统（发电机、变压器）的中性点相连接，人就等于接触了另一根电线（中性线）。所以也会造成触电，称为单相触电（图 11-2）。

目前触电死亡事故中大部分是这种触电，一般都由于开关、灯头、导线及电动机有缺陷而造成的（图 11-3）。

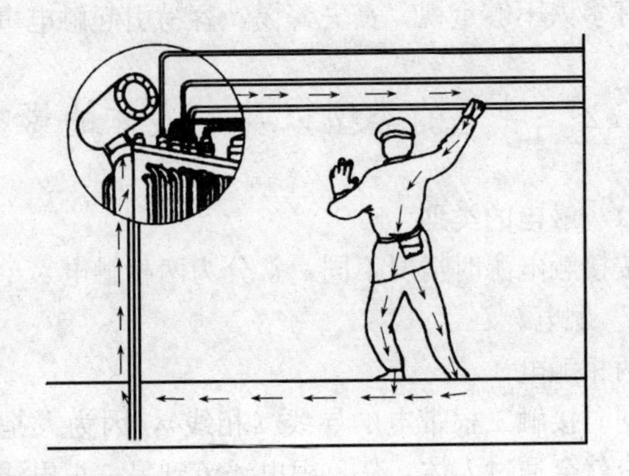

图 11-2　单相触电

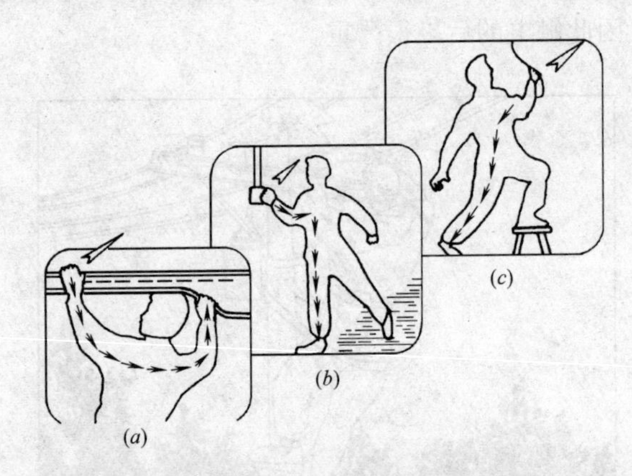

图 11-3　触电的形成与电流的途径

（3）“跨步电压”触电

当输电线路发生断线故障而使导线接地时，由于导线与大地构成回路，导线中有电流通过。

电流经导线入地时，会在导线周围的地面形成一个相当强的电场，此电场的电位分布是不均匀的。如果从接地点为中心划许多同心圆（图 11-4），这些同心圆的圆周上，电位是各不相同的，同心圆的半径越大，圆周上电位越低，反之，半径越小，圆周上电位越高。如果人双脚分开站立，就会受到地面上不同点之间的电位差，此电位差就是跨步电压。如沿半径方向的双脚距离越大，则跨步电压越高。

图 11-4　跨步电压触电

当人体触及跨步电压时，电流也会流过人体。虽然没有通过人全身的重要器官，仅沿着下半身流过。但当跨步电压较高时，就会发生双脚抽筋，跌倒在地上，这样就可能使电流通过人体的重要器官，而引起人身触电死亡事故。

除了输电线路断线会产生跨步电压外，当大电流（如雷电流）从接地装置流入大地时，若接地电阻偏大也会产生跨步电压。

因此，安全工作规程要求人们在户外不要走近断线点 8m 以内的地段。在户内，不要走近 4m 以内的地段，否则会发生人、畜触电事故，这种触电称为跨步电压触电。

跨步电压触电一般发生在高压线落地时，但是对低压电线也不可麻痹大意。据试验，当牛站在水田里，如果前后蹄之间的跨步电压达到 10V 左右，牛就会倒下，触电时间长了，牛会死亡。人、畜在同一地点发生跨步电压触电时，对牲畜的危害比较大（电流经过牲畜心脏），对人的危害较小（电流只通过人的两腿，不通过心脏），但当的人两脚抽筋以致跌倒时，触电的危险性就增加了。

11.2.2 电流对人体的影响

电流通过人体后，能使肌肉收缩，造成机械性损伤。电流产生的热效应和化学效应可引起一系列急骤的病理变化，使机体遭受严重的损害。特别是电流流经心脏，对心脏的损害极为严重。极小的电流可引起心室纤维性颤动，导致死亡。电击伤对人体的伤害程度与电流的种类、大小、途径、接触部位、持续时间、人体健康状态、精神状态等都有关系。

（1）通过人体的电流越大，对人体的影响也越大；接触的电压越高，对人体的损伤也就越大。电流通过人体所产生的热效应和化学效应与电流强度成正比关系。几十微安的电流可以丝毫感觉不到，而几十毫安的电流可引起生命危险。从欧姆定律 $I=V/R$可知，当人体触及较高电压的带电体时，流过人体的电流也较大，因而受到的损伤就严重。一般将 36V 以下的电压作为安全电压，但在特别潮湿的环境中即使接触 36V 的电源也有生命危险，所以在这种场所，要用 12V 安全电压或更低的电压。

（2）交流电对人体的损害作用比直流电大，不同频率的交流电对人体影响也不同。人体对工频交流电比直流电敏感得多，接触直流电时，其强度达 250mA 有时也不引起特殊的损伤，而接触 50Hz 交流电时只要有 50mA 的电流通过人体，如持续数十秒，便可引起心脏心室纤维性颤动，而导致死亡（表 11-1）。

电流对人体的作用　　表 11-1

电流(mA)	作用的特征	
	交流(50～60Hz)	直流
0.6～1.5	开始有感觉——手轻微颤抖	没有感觉
2～3	手指强烈颤抖	没有感觉
5～7	手部痉挛	感觉痒和热
8～10	手已难于摆脱带电体，但还能摆脱，手指尖部到手腕剧痛	热感觉增加
20～25	手迅速麻痹，不能摆脱带电体，剧痛，呼吸困难	热感觉大大加强，手部肌肉收缩

续表

电 流 (mA)	作 用 的 特 征	
	交流(50～60Hz)	直 流
50～80	呼吸麻痹,心室开始颤动	强烈的热感觉,手部肌肉收缩、痉挛,呼吸困难
90～100	呼吸麻痹,延续3s或更长时间,则心脏麻痹,心室颤动	呼吸麻痹
300及以上	作用0.1s以上时,呼吸麻痹和心脏停搏,机体组织遭到电流的热破坏	

交流电中28～300Hz的电流对人体损害最大，极易引起心室纤维性颤动。20000Hz以上的交流电流对人体影响较小，故可用来作为理疗之用。平时采用的工频交流电源为50Hz，从设计电气设备角度考虑是比较合理的，然而50Hz的电流对人体损害是较严重的，故一定要提高警惕，搞好安全用电工作。

（3）电流持续时间与损伤程度有密切关系。通电时间短，对机体的影响小，通电时间长，对机体损伤就大，危险性也增大。特别是电流持续流过人体的时间超过人的心脏搏动周期时，这对心脏的威胁很大，极易产生心室纤维性颤动。表11-2是毕格麦亚分析研究所得的数据，显示了通过时间不同对人体的损伤明显不同。在零和从 A_1 和 A_3 的电流范围内，一般可以认为不致产生后遗症的区域。在 B_1 范围内通电时间在心脏搏动周期下就不致发生心室颤动的危险，而在 B_2 范围内即使在搏动周期以下也有危险，故极易发生死亡事故。

毕格麦亚分析研究所得的数据　　表11-2

电流范围	50～60Hz电流有效值(mA)	通电时间	人体的生理反应
0	0～0.5	连续也无危险	未感到电流
A_1	0.5～5（摆脱极限）	连续也无危险	开始感到有电源,但未到痉挛的极限,可以摆脱电流范围(触电后,能自动地摆脱,但手指、手腕等处已有痛感)

续表

电流范围	50～60Hz 电流有效值(mA)	通电时间	人体的生理反应
A_2	5～30	以数分钟为极限	不能摆脱的电流范围(由于痉挛已不能摆脱接触状态),呼吸困难,血压升高,但仍属可忍耐的极限
A_3	30～50	由数秒到数分	心脏跳动不规律。昏迷,血压升高引起强烈痉挛,长时间将要引起心室颤动
B_1	50～几百	低于心脏搏动周期	虽受强烈冲击,但未发生心室颤动
		超过心脏搏动周期	发生心室颤动、昏迷、接触部位留有通过电流痕迹(搏动周期相位与开始触电时刻无特别关系)
B_2	超过几百	低于心脏搏动周期	即使低于搏动周期的通电时间,如在特定的搏动相位开始触电时,要发生心室颤动、昏迷、接触部位留有通过电流痕迹
		超过心脏搏动周期	未引起心室颤动,将引起恢复性心脏停搏,昏迷,有烧伤死亡的可能性

(4) 通过人体的电流途径不同时，对人体的伤害情况也不同。通过心脏、肺和中枢神经系统的电流强度越大，其后果也就越严重。由于身体的不同部位触及带电体，所以通过人体的电流途径均不相同，因此流经身体各部分的电流强度也不同，对人体的损害程度也就不一样。所以通过人体的总电流，强度虽然相等，但电流途径不同其后果也不相同。表 11-3、表 11-4 是奥西普卡对 50 个健康男子所做试验的情况。从表可知不同的电流途径时，人体的感觉与反应均不相同。

(5) 电流对心脏影响最大，常会产生心室纤维性颤动，导致死亡。发生触电事故时造成触电死亡的原因比较多，但常常由于心室颤动而死亡。

生物体的细胞在进行活动时，会产生生物电现象。人体器官活动时，均受到生物电流的控制。人体的心脏是一个使血流在身体里进行循环的泵，它把养料和氧气送到身体各部分组织内，供

50Hz 交流电感应度的测试结果 表 11-3

电流通路：手—躯干—手 交流有效值：mA

感应度	被试者的比率		
	5%	50%	95%
手表面有感觉	0.7	1.2	1.7
手表面似乎有麻痹似的连续针刺感	1.0	2.0	3.0
手关节有连续针刺感	1.5	2.5	3.5
手部有轻度颤动，关节有受压迫感	2.0	3.2	4.4
前肢部有受手铐压迫似的轻度痉挛	2.5	4.0	5.5
上肢部有轻度痉挛	3.2	5.2	7.2
手部硬直有痉挛，但能伸开，已感到有轻度疼痛	4.2	6.2	8.2
上肢部、手有剧烈痉挛，失去感觉，手的前表面有连续针刺感	4.3	6.6	8.9
手的肌肉直到肩部全面痉挛，还可能摆脱（摆脱电流极限）	7.0	11.0	15.0

50Hz 交流电感应度的测试结果表 表 11-4

电流通路：单手—躯干—两脚 交流有效值：mA

感应度	被试者的比率		
	5%	50%	95%
手表面有感觉	0.9	2.2	3.5
手表面似乎有麻痹似的连续针刺感	1.8	3.4	5.0
手关节有轻度压迫感，有强度的连续针刺感	2.9	4.8	6.7
前脚部有压迫感	4.0	6.0	8.0
脚底下开始有连续针刺感，前脚部有压迫感	5.3	7.6	10.0
手关节有轻度痉挛，手动作困难	5.5	8.5	11.5
上肢部有连续针刺感，腕部，特别是手关节有强度痉挛	6.5	9.5	12.5
直到肩部有强度连续针刺感，前肢到肘部硬直，仍可能摆脱	7.5	11.0	14.5
手指关节、踝骨、脚跟有压迫感，手的大拇指完全痉挛	8.8	12.3	15.8
只有尽最大努力才可能摆脱（摆脱电流极限）	10.0	14.0	18.0

它们代谢之需，维持人体的生命。心脏的工作不需要接受大脑的信息，大脑可影响心脏的活动，但不起根本性的影响，许多人身上植入起搏器后，照样很好地生活，充分说明了这一点。

心脏由一些特殊的肌肉组成。电信息在心肌的细胞中传递，使心肌能协调地顺序动作，心肌规律性地收缩和舒张，使心脏产生泵的作用。如果心肌细胞收缩顺序受到通过心脏的电流干涉，那么心脏协调的顺序运作就会丧失，这种情况便称为心室纤维性颤动。心脏发生室颤时无血液搏出，如不立即抢救，人体就会很快死亡。引起心室纤维性颤动的通过心脏电流有人已证明可以低达 20μA，对患有某些疾病的病人，还可能大大地低于此值。

11.3 人体的安全电流和安全电压

通过人体的电流强度决定于人体的电阻和触电时施加于人体上的电压。

11.3.1 人体的安全电流

凡是足以引起心室纤维性颤动的电流均为危险电流。在此强度以下的电流虽不足引起心室颤动，但能使触电者无法摆脱带电体，所以也应视为危险电流。因为影响人体对电流反应的因素较多，故对安全电流不宜机械地看一个固定值。对于 50Hz 工频电流来讲，其强度在 15～20mA 以下，一般可被认为安全电流。

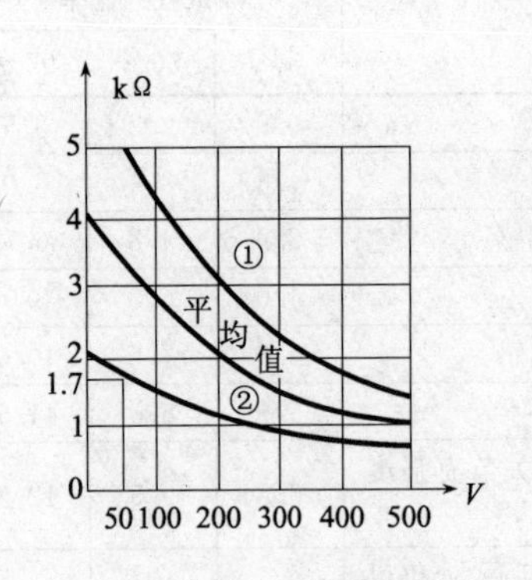

图 11-5 人体电阻（kΩ）
①—干燥时人体电阻；
②—潮湿时人体电阻

11.3.2 人体的电阻无一定的数值

往往由于皮肤表面干、湿状态不同而变化，甚至人的精神状态不同其电阻值也可不同。

人体还是一个非线性元件。当接触的电压不同时，人体的电阻值也会发生变化（图 11-5）。

当加于人体两端的电压为 50V 时，电阻为 1.75kΩ。当接触电压为 500V，电阻仅 600Ω 左右。同时人体的阻抗不是一个纯电阻。还具有容抗和感抗的成分，但主要是以电阻为主，一般常用（图 11-6）来表示人体阻抗的等值图。

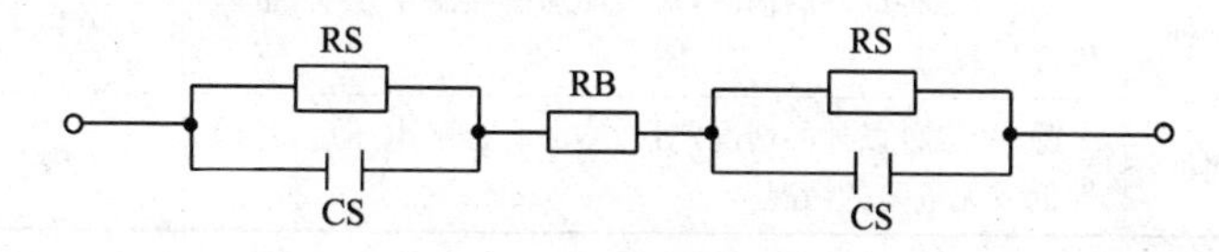

图 11-6 人体阻抗的等值图

RS—皮肤电阻；CS—皮肤电容约 20PF/cm^2；

RB—人体内部电阻，约 500Ω

人体内部电阻为 500Ω，其两侧串联皮肤电阻与皮肤电容并联回路，人体内部电阻与外界的接触电压无关，然而皮肤电阻极易变动，汗腺分泌物会破坏绝缘，皮肤角质层在接触电压较高时或皮肤受潮时会遭击穿，这时皮肤电阻能降低到可忽略不计的程度。所以在最不利的情况下，人体电阻，只能以人体内部阻值作为依据。

11.3.3 安全电压

造成触电死亡的直接原因是电流通过人体，并不是接触电压，但只要明确对人体的安全电流和实际的人体阻抗，即可规定安全电压。因人体的阻抗存在着个体之间的差异，而且不同环境条件下人体的电阻变化也很大，所以不同环境条件下人体的安全电压也不同。因此，对于各种环境条件下的安全电压，总是按最严格的电压条件和最低的人体电阻来考虑触电保护。表 11-5 是各种接触状态的安全电压，国际电工委员会亦规定有与此相同的数值。

触电时的临床表现：

电击造成的伤害主要表现为全身的电休克所致的“假死”和

各种接触状态和安全电压 表 11-5

类别	接触状态	安全电压(V)
第一种	人体大部分浸于水中的状态	2.5以下
第二种	人体显著淋湿状态 人体一部分经常接触到电气装置 金属外壳和构造物时的状态	25以下
第三种	除一、二种以外的情况，对人体加有接触电压后，危险性高的状态	50以下
第四种	除一、二种以外的情况，对人体加有接触电压后，危险性低或无危险的情况	无限制

局部的电灼伤，特别是电流通过心脏时所形成心室纤维性颤动。如电流过大还可使心肌纤维透明性变差，甚至引起心肌纤维断裂，凝固变性。电流通过中枢时可抑制中枢引起心跳呼吸停止。这一些均可造成触电后的“假死”状态。此时病人立即失去知觉，面色苍白，瞳孔放大，心跳、呼吸停止。我们为了在抢救时便于采取正确有效的措施，根据临床的表现人为地将“假死”分成三种类型：

（1）心跳停止，但呼吸尚存在；

（2）呼吸停止，心尚存在；

（3）心跳、呼吸均停止。

对于有心跳无呼吸或者有呼吸无心跳的情况，只是暂时的现象，如果抢救措施稍慢一些，就会导致病人心跳、呼吸全停。

当心脏停止跳动时，人体的血液循环也就中断了，呼吸中枢无血液供应时，中枢就会丧失功能，所以呼吸也就停止了。同样当呼吸停止时，体内各组织都无法得到氧气，心脏本身的组织也会严重缺氧，所以心脏也就很快地停止了跳动。

触电造成的“假死”一般都是即时发生的，但也有个别病人可以在触电后期（几分钟～几天）突然出现“假死”导致死亡。

触电时如人体受到的损伤比较轻，就不至于发生“假死”，但可感到头晕，心悸、出冷汗或有恶心、呕吐……等。皮肤灼伤处可感到疼痛。如果脊髓受到电流影响，还可出现上下肢肌肉瘫痪（自主呼吸存在），往往需经较长的时间（3～6月以上）才能恢复。

局部的电灼伤常见于电流进出的接触处，当人体组织有较大电流通过时，组织会受到灼伤，其形成的原因主要是人体的皮肤、肌肉等组织均存在一定的电阻；有电流通过时，在瞬间会释放出大量的热能，因而灼伤组织。电灼伤的面积有时虽小，但较深，大多为三度烧伤，有时可深达骨骼，比较严重。灼伤处呈焦黄色或褐黑色，创面与正常皮肤有较明显的界限。一般电流进入人体所致的灼伤口常为一个；但电流流出的灼伤口可为一个以上。

11.4　触电时的现场急救

心跳和呼吸是人体存活的基本生理现象。一旦心跳、呼吸停止，血液就停止流动，人体的各个器官缺乏血液所供给的氧气和营养物质，而使组织细胞的新陈代谢停止进行，人的生命也就终止了，这就是“死亡”。但是，在心跳和呼吸突然停止后，人体内部的某些器官还存在着微弱的活动，有些组织细胞新陈代谢还在进行，因此这种死亡在医学上称为“临床死亡”。“临床死亡”的病人如果体内没有重要器官的损伤，只要及时进行抢救还有救活的希望。如果时间一长，身体内的组织细胞就会逐渐死亡，这时医学上称为“生物死亡”。病人进入生物死亡，生命也就无法挽救了。当然从“临床死亡”到“生物死亡”的时间很短，所以必须抓紧时间尽力抢救。触电事故发生都很突然。出现“假死”时，心跳、呼吸已停止，因此我们就采用在现场急救方法，使触电病人迅速得到气体的交换和重新形成血液循环，以恢复全身的各组织细胞的氧供给，建立病人自身的心跳和呼吸。所以，触电现场急救，是整个触电急救过程中的一个关键环节。如处理得及时正确，就能挽救许多病人的生命，反之不管实际情况，不采取任何抢救措施，将病人送往医院抢救或单纯等待医务人员到来，那必然会失去抢救的时机，带来永远不可弥补的损失，不少惨痛的教训已证明了这一点。因此现场急救法是每一个电工同志必须熟练掌握的急救技术，一旦发生事故后，就能立即正确地在现场进行急救，同时向医务部门告急求援，这样我们一定能抢救不少阶级兄弟的生命，这对保障广大劳动人民的身体健康有极为重大的意义。

发生触电时，现场急救具体方法如下：

(1) 迅速切断电源

发生触电事故时，切不可惊慌失措，束手无策，首先要马上切断电源，使病人脱离受电流损害的状态，这是能否抢救成功的首要因素。因为当触电事故发生时，电流会持续不断地通过触电者，从影响电流对人体刺激的因素中，我们知道，触电时间越长，对人体损害越严重。

为了保护病人只有马上脱离电源。其次，当病人触电时，身上有电流通过，已成为一带电体，对救护者是一个严重威胁，如不注意安全，同样会使抢救者触电。所以，必须先使病人脱离电源后，方可抢救。

使触电者脱离电源的方法很多：

1) 出事附近有电源开关和电源插头时，可立即将闸刀打开或将插头拔掉，以切断电源。但普通的电灯开关（如拉线开关）只能关断一根线，有时不一定关断的是相线，所以不能认为是关断了电源。

2) 当有电的电线触及人体引起触电时，不能采用其他方法脱离电源时，可用绝缘的物体（如木棒、竹竿、手套等）将电线移掉，使病人脱离电源。

3) 必要时可用绝缘工具（如带有绝缘柄的电工钳、木柄斧头以及锄头等）切断电线，以断电源。

总之在现场可因地制宜，灵活运用各种方法，快速切断电源。解脱电源时，有两个问题需要注意：

1）脱离电源后，人体的肌肉不再受到电流刺激，会立即放松，病人可自行摔倒，造成新的外伤（如颅底骨折），特别在高空时更是危险。所以脱离电源需有相应措施配合，避免此类情况发生，加重病情。

2）解脱电源时要注意安全，决不可再误伤他人，将事故扩大。

（2）简单诊断

解脱电源后，病人往往处于昏迷状态，情况不明，故应尽快对心跳和呼吸的情况作一判断。看看是否处于“假死”状态。因为只有明确的诊断，才能及时正确地进行急救。

处于“假死”状态的病人，因全身各组织处于严重缺氧，情况十分危险，故不能用一套完整的常规方法进行系统检查。只能用一些简单有效方法，判断一下，看看是否“假死”及“假死”的类型，这就达到了简单诊断的目的。其具体方法如下：

将脱离电源后的病人迅速移至比较通风、干燥的地方，使其仰卧，将上衣与裤带放松。

1）观察一下有否呼吸存在。当有呼吸时，我们可看到胸廓和腹部的肌肉随呼吸能上下运动，用手放在胸部可感到胸廓在呼吸的运动。用手放在鼻孔处，呼吸时可感到气体的流动。相反，无上述现象，则往往是呼吸已停止。

2）摸一摸颈部的颈动脉或腹股沟处的股动脉，有没有搏动，因为当有心跳时，一定有脉搏。颈动脉和股动脉都是大动脉，位置表浅，所以很容易感觉到它们的搏动，因此常常以此作为有否心跳的依据。另外在心前区也可听一听有否心音，有心音则有心跳。

3）看一看瞳孔是否扩大。瞳孔的作用有点像照相机的光圈，但人的瞳孔是一个由大脑控制自动调节的光圈。当大脑细胞正常时，瞳孔的大小会随着外界光线的变化，自行调节，使进入眼内的光线强度适中，便于观看。当处于“假死”状态时，大脑细胞严重缺氧，处于死亡边缘，所以整个自动调节系统的中枢失去了作用，瞳孔也就自行扩大，对光线的强弱不起反应。所以瞳孔扩大说明了大脑组织细胞严重缺氧，人体也就处于“假死”状态(图 11-7)。

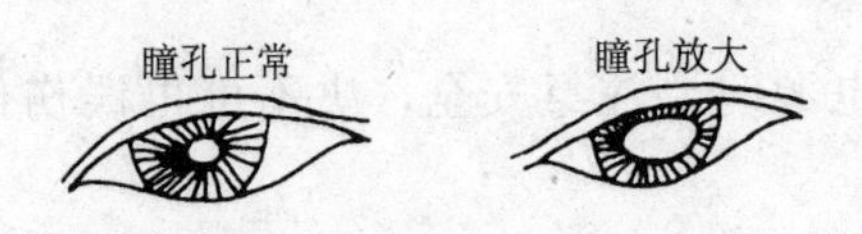

图 11-7 瞳孔正常与放大对比

通过以上简单的检查，即可判断病人是否处于“假死”状态。并依据“假死”的分类标准，可知其属于“假死”的类型。

这样我们在抢救时便可有的放矢，对症治疗。

(3) 处理方法

经过简单诊断后的病人，一般可按下述情况分别处理：

1) 病人神志清醒，但感乏力、头昏、心悸、出冷汗，甚至有恶心或呕吐。此类病人使其就地安静休息，减轻心脏负担，加快恢复；情况严重时，小心送往医护部门，请医护人员检查治疗。

2) 病人呼吸、心跳尚存在，但神志昏迷。此时应将病人仰卧，周围的空气要流通，并注意保暖。除了要严密的观察外，还要作好人工呼吸和心脏按压的准备工作。并立即通知医护部门或用担架将病人送往医院救治。在去院的途中，要注意突然出现“假死”现象，如有假死需立即进行抢救。

3) 如经检查后病人处于假死状态，则应立即针对不同类型的“假死”进行对症处理。心跳停止的，用体外人工心脏挤压法来维持血液循环；如呼吸停止则用口对口的人工呼吸法来维持气体交换。呼吸、心跳全停时，则需同时进行体外心脏按压法和口对口人工呼吸法，同时向医院告急求救。

在抢救过程中，任何时刻抢救工作不能中止；即使在送往医院的途中，也必须继续进行抢救，一定要边救边送，直至心跳、呼吸恢复。

(4) 口对口人工呼吸法

人工呼吸的目的，是用人工的方法来代替肺的呼吸活动，使气体有节律地进入和排出肺脏，供给体内足够的氧气，充分排出二氧化碳，维持正常的通气功能。人工呼吸的方法很多，目前认为口对口人工呼吸法效果最好。口对口人工呼吸法的操作方法如下：

1）将病人仰卧、解开衣领、松开紧身衣着、放松裤带，以免影响呼吸时胸廓的自然扩张。

然后将病人的头偏向一边，张开其嘴，用手指清除口腔中的假牙、血块、呕吐物等，使呼吸道畅通。

2）抢救者在病人的一边，以近其头部的一手紧捏病人的鼻子（避免漏气），并将手掌外缘压住其额部，另一只手托在病人的颈后，将颈部上抬，使其头部充分后仰，以解除舌下坠所致的呼吸道梗阻。

3）急救者先深吸一口气，然后用嘴紧贴病人嘴（或鼻孔）大口吹气，同时观察胸部是否隆起，以确保吹气是否有效和适度。

4）吹气停止后，急救者头稍侧转，并立即放松捏紧鼻孔的手，让气体从病员肺部排出。此时应注意胸部复原情况，倾听呼气声，观察有无呼吸道梗阻。

5）如此反复进行，每分钟吹气 12 次，即每 5s 吹气一次（图 11-8）。

注意事项：

1）口对口吹气时的压力需掌握好，刚开始时可略大一些，频率稍快一些。经 10～20 次后可逐步减少压力，维持胸部轻度升起即可。对幼儿吹气时，不能捏紧鼻孔，应让其自然漏气，为了防止压力过高，急救者仅用颊部力量即可。

2）吹气时间宜短，约占一次呼吸周期的 1/3，但亦不能过短，否则影响通气效果。

3）如遇到牙关紧闭者，可采用口对鼻吹气，方法与口对口

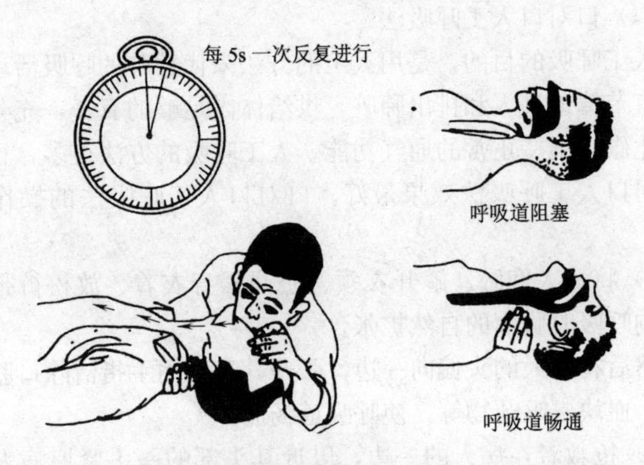

图 11-8　口对口人工呼吸（一）

基本相同。此时可将病人嘴唇紧闭，急救者对准鼻孔吹气。吹气时压力应稍大，时间也应稍长，以利气体进入肺内。口对口人工呼吸法的整个动作如（图 11-9）所示。

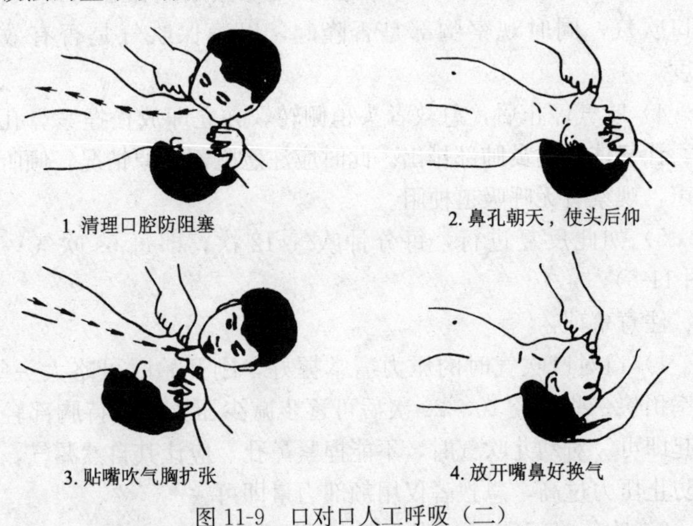

图 11-9　口对口人工呼吸（二）

（5）体外心脏按压法

体外心脏按压是指有节律地对心脏按压，用人工的方法代替心脏的自然收缩，从而达到维持血液循环的目的。此法简单易学，效果好，不需设备，易于普及推广。

操作方法：

1）使病人仰卧于硬板上或地上，以保证挤压效果。

2）抢救者跪跨在病人的腰部。

3）抢救者以一手掌根部按于病人胸骨下 1/2 处，即中指指尖对准其颈部凹陷的下缘，当胸一手掌。另一手压在该手的手背上，肘关节伸直。依靠体重和臂，肩部肌肉的力量，垂直用力，向脊柱方向压迫胸骨下段，使胸骨下段与其相连的肋骨下陷 3～4cm（见图 11-10、图 11-11）间接压迫心脏使心脏内血液搏出。

4）挤压后突然放松（要注意掌根不能离开胸壁），依靠胸廓的弹性，使胸骨复位。此时心脏舒张，大静脉的血液回流到心脏。

5）按照上述步骤，连续操作每分钟需进行 60 次，即每秒一次。

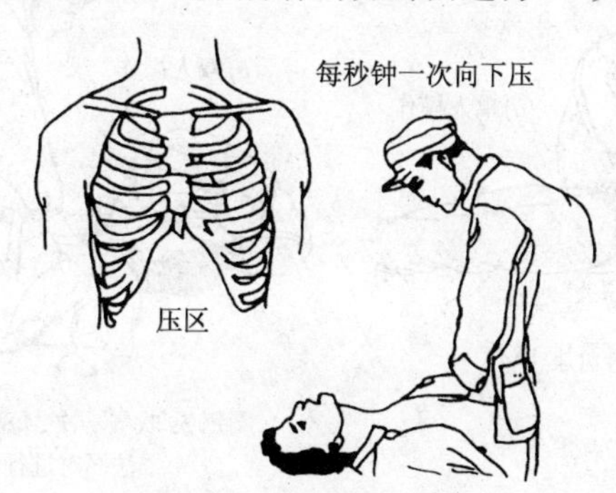

图 11-10　体外心脏挤压法（一）

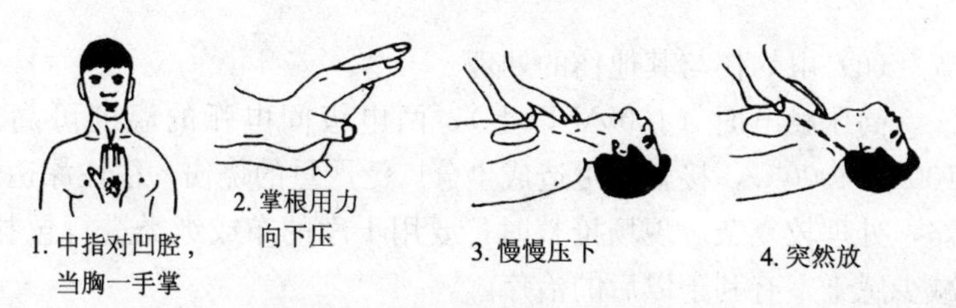

图 11-11　体外心脏挤压法（二）

注意事项：

1）挤压时位置要正确，一定要在胸骨下 1/2 处的压区内。接触胸骨应只限于手掌根部，故手掌不能平放，手指向上与肋骨保持一定距离。

2）用力一定要垂直，并要有节奏，冲击性。

3）对小儿只能用一个手掌根部即可。

4）挤压时间与放松的时间应大致相同。

5）为提高效果，应增加挤压频率，最好能达每分钟 100 次。

6）有时病人心跳、呼吸全停止，而急救者只有一人时，也必须同时进行口对口人工呼吸和体外心脏按压。此时可先吹二次气，立即进行挤压 15 次，然后再吹二口气，再挤压，反复交替进行，不能停止（图 11-12）。

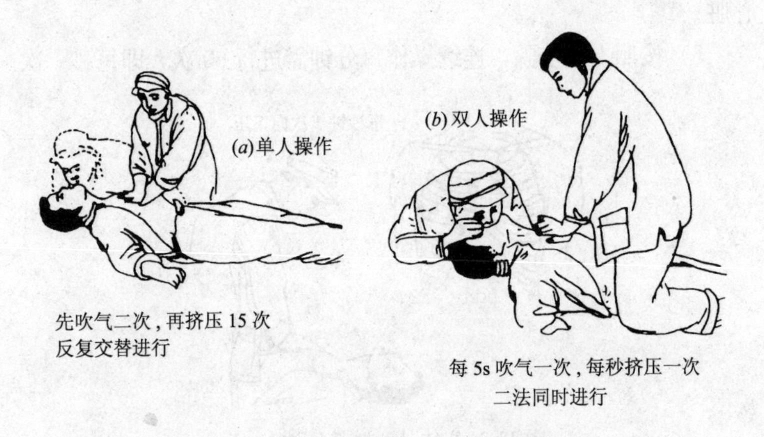

图 11-12　人工呼吸单人与双人操作法

（6）电灼伤与其他伤的处理

高压触电时（1000V 以上），两电极间电弧的温度可高达 1000～4000℃，接触处可造成十分广泛严重的烧伤，往往深达骨骼，处理较复杂。现场抢救时，要用干净的布或纸类进行包扎，减少感染，有利于以后的治疗。

其他外伤和脑震荡、骨折等，应参照外伤急救的情况，做相应处理。

现场抢救往往时间很长，且不能中断，所以我们一定要发扬勇敢战斗不怕牺牲，不怕疲劳和连续作战的精神，坚持下去，往往经过较长时间的抢救后，触电病人面色好转，口唇潮红，瞳孔缩小，四肢出现活动，心跳和呼吸恢复正常。这时可暂停数秒钟进行观察，有时触电病人就此复活，如果正常心跳和呼吸仍不能维持，必须继续抢救，决不能贸然放弃，一直要坚持到医务人员到现场接替抢救。

总之，触电事故的发生总是不好的。要预防为主地着手消除发生事故的原因，防止事故的发生。充分发动群众，宣传安全用电知识，宣传触电现场急救的知识，那么，非但能防患于未然，万一发生触电事故，也能进行正确及时的抢救，这样一定能挽救不少触电者的生命。

（7）现场触电抢救方法要诀

1）立即解脱电源：

① 用绝缘物，用绝缘法。

② 防止加重伤害。

③ 防止扩大触电范围。

2）迅速诊断。

3）口对口人工呼吸和胸外心脏按压：

① 没有呼吸，但有心跳的，用口对口（鼻）人工呼吸法：

病人仰卧平地上，松开领扣解衣裳。

清理口腔防阻塞，鼻孔朝天头后仰。

捏紧鼻子托头颈，贴嘴吹气胸扩张。

吹气量要看对象，大人小孩要适量。

吹二秒来停三秒，五秒一次最恰当。

② 有呼吸，但无心跳的，用胸外心脏按压法：

病人仰卧硬地上，松开领扣解衣裳。

救者跪跨腰两旁，双手叠，中指对凹膛，当胸一手掌。

掌根用力压胸膛，压力轻重要适当。

用力太轻效果差，过分用力会压伤。

慢慢压下突然放，掌根不要离胸膛。

一秒一次向下压，寸到寸半最适当。

救护儿童时，只要一只手压迫胸膛，用力稍轻。

注：① 对小孩吹气时，不要捏紧鼻子。

② 如果触电者张口有困难，可闭嘴吹鼻孔，效果相同。

③ 呼吸心跳都没有的，两法同时进行。急救者只有一人时，可先吹二次气，立即进行挤压 15 次，反复进行，不能停止。

④ 群众抢救直到医务人员来接替抢救为止。

12 施工现场用电的常用仪表

由于电的形态特殊，它看不见，听不到，闻不出，摸不着。但是它却可以借助仪表测量出来。专门用作测量有关电的物理量和参数的仪表统称为电测仪表。而用于电气工程测量的仪表通常称为电工仪表。

12.1 电工仪表的分类

电工仪表是用来测量电压、电流、功率、电能等电气参数的仪表。施工现场常用的电工仪表有万用表、钳形电流表、兆欧表、接地电阻表等。

电工仪表的一个重要参数就是准确度，电工仪表的准确度分为7级，各级仪表允许的基本误差见表12-1。

常用电工仪表准确度等级　　表12-1

仪表准确度等级	0.1	0.2	0.5	1.0	1.5	2.5	5.0
基本误差(%)	±0.1	±0.2	±0.5	±1.0	±1.5	±2.5	±5.0

仪表准确度等级的数字是指仪表本身在正常工作条件下的最大误差占满刻度的百分数。正常条件下，最大绝对误差是不变的，但在满刻度限度内，被测量的值越小，测量值中误差所占的比例越大。因此，为提高精确度，在选用表时，要使测量值在仪表满刻度的2/3以上。

12.2 仪表测量机构及其简单的工作原理

12.2.1 万用表

万用表是常用的多功能、多量限的电工仪表，一般可用来测量直流电压、直流电流、交流电压和电阻等。

万用表是一种整流式仪表，它由磁电式表头带整流装置组成，成为一种交直流两用电表。磁电式表头用来指示被测量的数值，由电阻和附加装置组成的各种测量线路，用来把各种被测量转换成适合表头测量的微小直流电流，利用转换开关实现对不同测量线路的选择，以适应各种测量要求。

用万用表测量时，测电压要将万用表并联接入电路，测电流时应将万用表串联接入电路，测直流时要注意正负极性。同时要将测量转换开关转到相应的档位上。使用万用表时应注意以下几点：

（1）转换开关一定要放在需测量挡的位置上，不能搞错，以免烧坏仪表。

（2）根据被测量项目，正确接好万用表。

（3）选择量程时，应由大到小，选取适当位置。测电压、电流时，最好使指针指在标度尺1/2～2/3以上的地方，测电阻时，最好选在刻度较稀的地方和中心点。转换量限时，应将万用表从电路上取下，再转动转换开关。

（4）测量电阻时，应切断被测电路的电源。

（5）测直流电流、直流电压时，应将红色表棒插在红色或标有“＋”的插孔内，另一端接被测对象的正极；黑色表棒插在黑色或标有“－”的插孔内，另一端接被测对象的负极。

（6）万用表不用时，应将转换开关拨到交流电压最高量限挡或关闭挡。

12.2.2 兆欧表

兆欧表俗称摇表、绝缘摇表，主要用于测量电气设备的绝缘电阻，如电动机、电气线路的绝缘电阻，判断设备或线路有无漏电、绝缘损坏或短路。

兆欧表的主要组成部分是一个磁电式流比计和一个作为测量电源的手摇高压直流发电机，与兆欧表表针相连的有两个线圈，一个同表内的附加电阻串联，另一个和被测的电阻串联，然后一起接到手摇发电机上。当手摇动发电机时，两个线圈中同时有电流通过，在两个线圈上产生方向相反的转矩，表针就随着两个转矩的合成转矩的大小而偏转某一角度，这个偏转角度决定于两个电流的比值，附加电阻是不变的，所以电流值仅取决于待测电阻的大小。

值得一提的是兆欧表测得的是在额定电压作用下的绝缘电阻阻值。万用表虽然也能测得数千欧的绝缘阻值，但它所测得的绝缘阻值，只能作为参考，因为万用表所使用的电源电压较低，绝缘物质在电压较低时不易击穿，而一般被测量的电气设备，均要接在较高的工作电压上，为此，绝缘电阻只能采用兆欧表来测量。一般还规定在测量额定电压在500V以上的电气设备的绝缘电阻时，必须选用1000V～2500V兆欧表。测量500V以下电压的电气设备，则以选用500V摇表为宜。

常用国产兆欧表的型号有ZC11和ZC25，其规格和技术数据见表12-2。

常用兆欧表型号及技术数据　　表12-2

型　号	额定电压(V)	准确度等级	量程范围(MΩ)
ZC25-1	100	1.0	100
ZC25-2	250	1.0	250
ZC25-3	500	1.0	500
ZC25-4	1000	1.0	1000
ZC11-1	100	1.0	500
ZC11-2	250	1.0	1000
ZC11-3	500	1.0	2000
ZC11-4	1000	1.0	5000
ZC11-5	2500	1.5	10000
ZC11-6	100	1.0	20
ZC11-7	250	1.0	50
ZC11-8	500	1.0	100
ZC11-9	50	1.0	200
ZC11-10	2500	1.5	2500
ZC28	500	1.5	200
ZC30-2	5000	1.5	10000

兆欧表在使用中须注意以下几点：

（1）正确选择其电压和测量范围。选用兆欧表的电压等级应根据被测电气设备的额定电压而定：一般测量 50V 以下的用电器绝缘，可选用 250V 兆欧表；50～380V 的用电设备检查绝缘情况，可选用 500V 兆欧表。500V 以下的电气设备，兆欧表应选用读数从零开始的，否则不易测量。因为在一般情况下，电气设备无故障时，由于绝缘受潮，其绝缘电阻在 0.5MΩ 以上时，就能给电气设备通电试用，若选用读数从 1MΩ 开始的兆欧表，对小于 1MΩ 的绝缘电阻无法读数。

（2）选用兆欧表外接导线时，应选用单根的多股铜导线，不能用双股绝缘线，绝缘强度要在 500V 以上，否则会影响测量的精确度。

（3）测量电气设备绝缘电阻时，测量前必须断开设备的电源，并验明无电，如果是电容器或较长的电缆线路应先放电后再测量。

（4）兆欧表在使用时必须远离强磁场，并且平放，摇动摇表时，切勿使表受振动。

（5）在测量前，兆欧表应先作一次开路试验，然后再做一次短路试验，表针在前次试验中应指到无穷大处，而后次试验表针应指在 0 处，表明兆欧表工作状态正常，可测电气设备。

（6）测量时，应清洁被测电气设备表面，以免引起接触电阻大，测量结果不准。

（7）在测电容器的绝缘电阻时须注意，电容器的耐压必须大于兆欧表发出的电压值，测完电容后，应先取下摇表线再停止摇动手柄，以防已充电的电容向摇表放电而损坏摇表，测完的电容要对电阻放电。

（8）兆欧表在测量时，还须注意摇表上 L 端子应接电气设备的带电体一端，而 E 端子应接设备外壳或接地线，在测量电缆的绝缘电阻时，除把兆欧表接地端接入电气设备接地外，另一端接线路后，还须将电缆芯之间的内层绝缘物接保护环，以消除因表面漏电而引起读数误差。

(9) 若遇天气潮湿或降雨后空气湿度较大时，应使用“保护环”以消除绝缘物表面泄流，使被测物绝缘电阻比实际值偏低。

(10) 使用兆欧表测试完毕后也应对电气设备进行一次放电。

(11) 使用兆欧表时，要保持一定的转速，按兆欧表的规定一般为120r/min，容许变动±20%，在1min后取一稳定读数。测量时不要用手触摸被测物及兆欧表接线柱，以防触电。

(12) 摇动兆欧表手柄，应先慢再逐渐加快，待调速器发生滑动后，应保持转速稳定不变。如果被测电气设备短路，表针摆动到“0”时，应停止摇动手柄，以免兆欧表过流发热烧坏。

(13) 兆欧表在不使用时应放于固定柜橱内，周围温度不宜太冷或太热，切忌放于污秽、潮湿的地面上，并避免置于含侵蚀作用的气体附近，以免兆欧表内部线圈、导流片等零件发生受潮、生锈、腐蚀等现象。

(14) 应尽量避免剧烈的长期的振动，造成表头轴尖变秃或宝石破裂，影响指示。

(15) 禁止在雷电时或在邻近有带高压导体的设备时用兆欧表进行测量，只有在设备不带电又不可能受其他电源感应而带电时才能进行。

12.2.3 钳形电流表

钳形表主要用于在不断开线路的情况下直接测量线路电流。其主要部件是一个只有次级绕组的电流互感器，在测量时将钳形表的磁铁套在被测导线上，导线相当于互感器的初级线圈，利用电磁感应原理，次级线圈中便会产生感应电流，与次级线圈相连的电流表指针便会发生偏转，指示出线路中电流的数值（图12-1）。

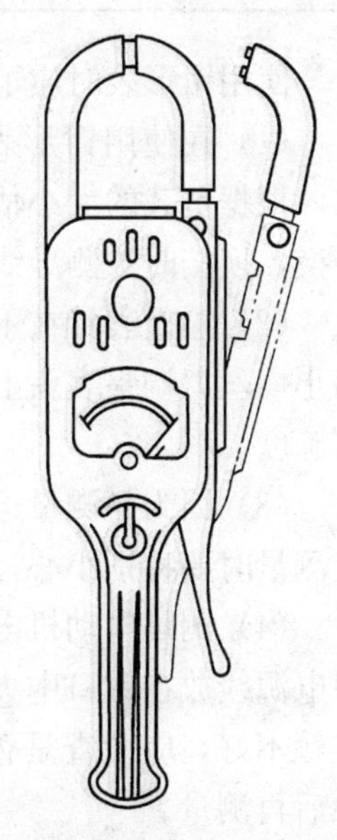

图12-1 钳形电流表

常用钳形电流表的型号、规格及技术数据见表12-3。

钳形电流表技术数据 **表12-3**

名　称	型号	原理结构	准确度等级	量　程
交直流两用钳形电流表	MG20	电磁式	5.0	100A,200A,300A,400A,500A,600A
	MG21	电磁式	5.0	750A,1000A,1500A
交流钳形电流表	MG24	整流式	2.5	5A,25A,50A(300V,600V) 5A,50A,280A(300V,600V)
袖珍钳形多用表	MG27	整流式	2.5 5.0	10A,50A,250A 300V,600V,300Ω
钳形多用表	MG28	整流式	5.0	交流5A,25A,50A,100A,250A,500A 交流50V,250V,500V 直流0.5A,10A,100A 直流50V,250V,500V 1kΩ,10kΩ,100kΩ

使用钳形表时应了解下列方法与技巧：

（1）在使用钳形表时要正确选择钳形表的挡位位置，测量前，根据负载的大小估计一下电流数值，然后从大挡位向小挡位切换，换挡时被测导线要置于钳形表卡口之外。

（2）检查表针在不测量电流时是否指向零位，若不指零，应用小螺丝刀调整表头上的调零螺栓使表针指向零位，以提高读数准确度。

（3）因为是测量运行中的设备，因此手持钳形表在带电线路上测量时要特别小心，不得测量无绝缘的导线。

（4）测量电动机电流时，搬开钳口活动磁铁，将电动机的一根电源线放在钳口中央位置，然后松手使钳口密合好，如果钳口接触不好，应检查是否弹簧损坏或脏污，如有污垢，用干布清除后再测量。

（5）在使用钳形电流表时，要尽量远离强磁场（如通电的自耦调压器、磁铁等），以减少磁场对钳形电流表的影响。

（6）测量较小的电流时，如果钳形电流表量程较大，可将被测导线在钳形电流表口内绕几圈，然后去读数。线路中实际的电流值应为仪表读数除以导线在钳形电流表上绕的匝数。

12.2.4 接地摇表（接地电阻表）

接地电阻表用于测量各种电力系统、电气设备、避雷针等接地装置的电阻值，也可用于测量低电阻导体的电阻值和土壤电阻率。它由手摇发电机、电流互感器、滑线电阻和检流计等组成，另外附有接地探测针两支（电位探测针、电流探测针）、导线三根（其中5m长一根用于接地极，20m长一根用于电位探测针，40m长一根用于电流探测针接线）。

常用接地电阻表主要有ZC29B型，其主要技术数据见表12-4。

接地电阻表技术数据　　表12-4

型　　号	测量范围(Ω)	最小分度值(Ω)	准确度等级
ZC29B-1	0～10	0.1	3
	0～100	1	
	0～1000	10	
ZC29B-2	0～1	0.01	
	0～10	0.1	
	0～100	1	

测量接地电阻时，接地电阻表E端钮接5m导线，P端钮接20m导线，C端钮接40m导线，导线的另一端分别接被测物接地极E1、电位探针P1和电流探针C1，且E1、P1、C1应保持直线，其间距为20m。将仪表水平放置，调整零指示器，使零指示器指针指到中心线上，将倍率标度置于最大倍数，慢慢转动手摇发电机的手柄，同时旋动标度盘，使零指示器的指针指在中心线上，当指针接近中心线时，加快发电机手柄转速，使其达到150r/min，调整标度盘，使指针指于中心线上。如果标度盘读数

小于 1，应将倍率标度置于较小倍数重新测量。当零指示器指针完全平衡指在中心线上后，将此时标度盘的读数乘以倍率标度即为所测的接地电阻值图 12-2）。

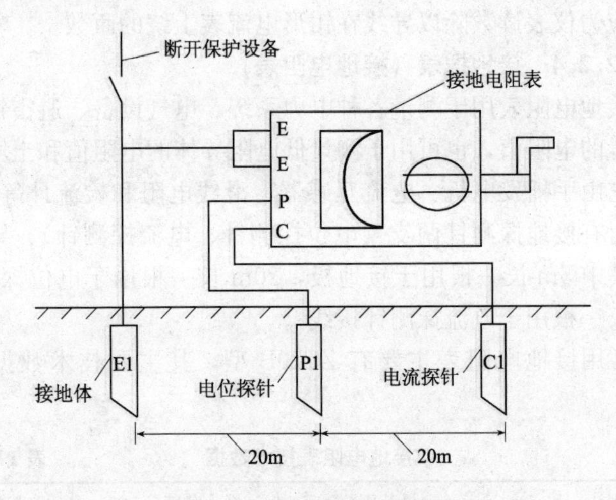

图 12-2　接地电阻测量接线

使用接地电阻表时应注意以下问题：

（1）若零指示器的灵敏度过高，可调整电位探测针 P1 插于土壤中的深浅，若灵敏度不够，可沿电位探测针 P1 和电流探测针 C1 之间的土壤注水，使其湿润。

（2）在测量时，必须将接地装置线路与被保护的设备断开，以保证测量准确。

（3）如果接地极 E1 和电流探测针 C1 之间的距离大于 20m 时，电位探测针 P1 的位置插在 E1、C1 之间直线外几米，则测量误差可以不计。但当 E1、C1 之间距离小于 20m 时，则电位探测针 P1 一定要正确插在 E1、C1 直线中间。

（4）当测量小于 1Ω 的接地电阻时，应将接地电阻表上 2 个 E 端钮的连接片打开，然后分别用导线连接到被测接地体上，以消除测量时连接导线的电阻造成附加测量误差。

（5）禁止在有雷电或被测物带电时进行测量。

12.2.5 其他仪表

漏电保护装置测试仪

漏电保护装置测试仪主要用于检测漏电保护装置中的漏电动作电流、漏电动作时间，另外也可测量交流电压和绝缘电阻。主要技术参数有：漏电动作电流 5～200mA，漏电动作时间 0～0.4s，交流电压 0～500V，绝缘电阻 0.01～500MΩ。

测量漏电动作电流、动作时间时，将一表棒接被测件进线端 N 线或 PE 线，另一表棒接被测件出线端 L 线（如图 12-3）。按仪表上的功能键选择 100 或 200mA 量程，按测试键，稳定后的显示数即为漏电动作电流值，每按转换键一次，漏电动作电流和动作时间循环显示一次。测量漏电动作电流时须注意，应先将测试仪与被测件连接好，然后再连接被测件与电源，测量结束后，应先将被测件与电源脱离，然后再撤仪表连接线。

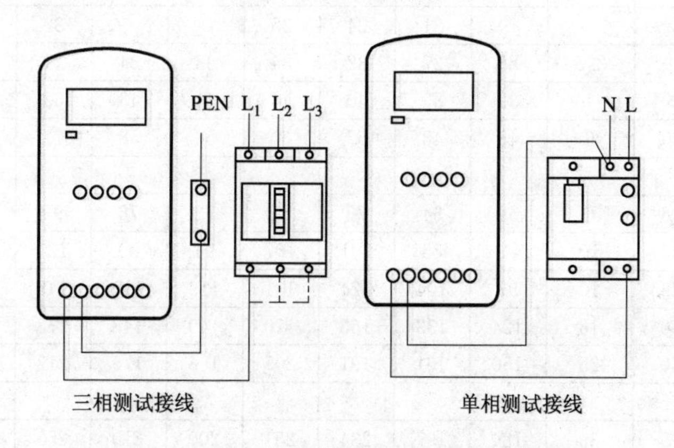

图 12-3 漏电保护装置测试仪测试接线图

测试前应检查测试仪、表棒等完好无损，表棒线不互绞，以免影响读数正确和安全使用。绝缘电阻插孔禁止任何外电源引入，改变测试功能时必须脱离电源，表棒改变插入孔再连线开机。

附　录

附录 1　橡皮绝缘电力电缆载流量表

$\theta_0 = 65℃$，$\theta_0 = 25℃$

主线芯数×截面（mm^2）	中性线芯截面（mm^2）	空气中敷设(A)				直埋地 $\rho_t = 80$(℃·cm/W)(A)			
		铝芯		铜芯		铝芯		铜芯	
		XLV	XLF XLHF XLQ XLQ_{20}	XV	XF XHF XQ XQ_{20}	XLV_{29}	XLQ_2	XV_{29}	XQ_2
3×1.5	1.2			13	19			24	25
3×2.5		19	21	24	25			32	33
3×4	2.5	25	27	32	34	33	34	41	43
3×6	4	32	35	40	44	41	43	52	54
3×10	6	45	48	57	60	56	58	71	74
3×16	6	59	64	76	81	72	76	93	99
3×25	10	79	85	101	107	94	99	120	126
3×35	10	97	104	124	131	113	119	145	151
3×50	16	124	133	158	170	140	148	178	188
3×70	25	150	161	191	205	158	176	213	224
3×95	35	184	197	234	251	200	210	255	267
3×120	35	212	227	269	289	225	238	286	302
3×150	50	245	263	311	337	257	270	326	342
3×185	50	284	303	359	388	289	300	365	385

注：1. 表中数据为三芯电缆的载流量值，四芯电缆载流量可借用三芯电缆的载流量值。

2. XLQ、XLQ_{20} 型电缆最小规格为 3×4＋1×2.5。

3. 主线芯为 2.5mm^2 的铝芯电缆，其中性线截面仍为 2.5mm^2。

主线芯为 2.5mm^2 的铜芯电缆，其中性线截面为 1.5mm^2。

附录 2　导线穿有缝钢管的标称直径选择表

导线标称截面(mm²)	导线根数								
	2	3	4	5	6	7	8	9	10
	有缝钢管的最小标称直径(mm)								
1	10	10	10	15	15	20	20	25	25
1.5	10	15	15	20	20	20	25	25	25
2	10	15	15	20	20	25	25	25	25
2.5	15	15	15	20	20	25	25	25	25
3	15	15	20	20	20	25	25	32	32
4	15	20	20	20	25	25	25	32	32
5	15	20	20	20	25	25	32	32	32
6	20	20	20	25	25	25	32	32	32
8	20	20	20	25	32	32	32	32	40
10	20	25	25	32	32	40	40	50	50
16	25	25	25	32	40	50	50	50	50
20	25	32	32	40	50	50	50	70	70
25	32	32	40	40	50	50	70	70	70
35	32	40	50	50	50	70	70	70	80
50	40	50	50	70	70	70	80	80	80
70	50	50	70	70	80	80	—	—	—
95	50	70	70	80	80	—	—	—	—
120	70	70	80	80	—	—	—	—	—
150	70	70	80	—	—	—	—	—	—
185	70	80	—	—	—	—	—	—	—

注：电线穿聚氯乙烯（PVC）硬管，当标称直径为内径时可按此表直接选择（这种管没有标称 70-档，遇 70 可选用 65）；但有的制造厂标称按外径，则按附录 3 选择。

附录 3　导线穿电线管的标称直径选择表

导线标称截面(mm²)	导线根数								
	2	3	4	5	6	7	8	9	10
	有缝钢管的最小标称直径(mm)								
1	12	15	15	20	20	25	25	25	25
1.5	12	15	20	20	25	25	25	25	25
2	15	15	20	20	25	25	25	25	25
2.5	15	15	20	25	25	25	25	25	32
3	15	15	20	25	25	25	25	32	32
4	15	20	25	25	25	25	32	32	32

续表

导线标称截面(mm²)	导线根数								
	2	3	4	5	6	7	8	9	10
	有缝钢管的最小标称直径(mm)								
5	15	20	25	25	25	25	32	32	32
6	15	20	25	25	25	32	32	32	32
8	20	25	25	32	32	32	40	40	40
10	25	25	32	32	40	40	40	50	50
16	25	32	32	40	40	50	50	50	70
20	25	32	40	40	50	50	50	70	70
25	32	40	40	50	50	70	70	70	80
35	32	40	50	50	70	70	70	70	80
50	40	50	70	70	70	70	80	80	80
70	50	50	70	70	80	80	80	—	—
95	50	70	70	80	80	—	—	—	—
120	70	70	80	80	—	—	—	—	—

附录 4　按环境选择导线、电缆及其敷设方式

环境特征	线路敷设方式	常用导线、电缆型号
正常干燥环境	1. 绝缘线瓷珠、瓷夹板或铝皮卡子明配线 2. 绝缘线、裸线瓷瓶明配 3. 绝缘线穿管明敷或暗敷 4. 电缆明敷或放在沟中	BBLX,BLV,BLVV BBLX,BLV,LJ,LMY BBLX,BLV ZLL,ZLL_{11},VLV,YJV,XLV,ZLQ
潮湿和特别潮湿的环境	1. 绝缘线瓷瓶明配线(敷设高>3.5m) 2. 绝缘线穿塑料管、钢管明敷或暗敷 3. 电缆明敷	BBLX,BLV BBLX,BLV ZLL_{11},VLV,YJV,XLV
多尘环境(不包括火灾及爆炸危险尘埃)	1. 绝缘线瓷珠、瓷瓶明配线 2. 绝缘线穿钢管明敷或暗敷 3. 电缆明敷或放在沟中	BBLX,BLV,BLVV BBLX,BLV ZLL,ZLL_{11},VLV,YJV,XLV,ZLQ
有腐蚀性的环境	1. 塑料线瓷珠、瓷瓶明配线 2. 绝缘线穿塑料管明敷或暗敷 3. 电缆明敷	BLV,BLVV BBLX,BLV,BV VLV,YJV,ZLL_{11},XLV

续表

环境特征	线路敷设方式	常用导线、电缆型号
有火灾危险的环境	1. 绝缘线瓷瓶明配线 2. 绝缘线穿钢管明敷或暗敷 3. 电缆明敷或放在沟中	BBLX, BLV BBLX, BLV ZLL, ZLQ, VLV, YJV, XLV, XLHF
有爆炸危险的环境	1. 绝缘线穿钢管明敷或暗敷 2. 电缆明敷	BBX, BV ZL_{120}, ZQ_{20}, VV_{20}
户外配线	1. 绝缘线、裸线瓷瓶明配线 2. 绝缘线钢管明敷(沿外墙) 3. 电缆埋地	BLXF, BLV, LJ BLXF, BBLX, BLV NLL_{11}, ZLQ_{2}, VLV, VLV_{22}, YJV, YJV_{23}

附录5 常用低压熔丝规格及技术数据

青铅合金丝

直径(mm)	近似英规线号	额定电流(A)	熔断电流(A)	直径(mm)	近似英规线号	额定电流(A)	熔断电流(A)
0.08	44	0.25	0.34	1.16	19	6	12
0.15	38	0.5	0.64	1.26	18	8	14.5
0.20	36	0.75	0.92	1.51	17	10	18.4
0.22	35	0.8	1.06	1.66	16	11	22
0.28	32	1	1.52	1.75	15	12.5	25
0.29	31	1.05	1.72	1.98	14	15	30
0.36	28	1.25	2.5	2.38	13	20	35
0.40	27	1.5	3.3	2.78	12	25	47
0.46	26	1.85	3.7	3.14	10	30	62
0.50	25	2	4.1	3.81	9	40	75
0.54	24	2.25	4.5	4.12	8	45	90
0.58	23	2.5	5.5	4.44	7	50	100
0.65	22	3	6.5	4.91	6	40	120
0.94	20	5	9.4	6.24	4	70	160

铅锡合金丝

直径(mm)	近似英规线号	额定电流(A)	熔断电流(A)	直径(mm)	近似英规线号	额定电流(A)	熔断电流(A)
0.508	25	2	3.0	1.63	16	11	16.0
0.559	24	2.3	3.5	1.83	15	13	19.0
0.61	23	2.6	4.0	2.03	14	15	22.0
0.71	22	3.3	5.0	2.24	13	18	27.0
0.813	21	4.1	6.0	2.65	12	22	32.0
0.915	20	4.8	7.0	2.95	11	26	37.0
1.22	18	7	10.0	3.26	10	30	44.0

铜丝

直径(mm)	近似英规线号	额定电流(A)	熔断电流(A)	直径(mm)	近似英规线号	额定电流(A)	熔断电流(A)
0.234	34	4.7	9.4	0.70	22	25	50
0.254	33	5.0	10.0	0.80	21	29	58
0.274	32	5.5	11.0	0.90	20	37	74
0.295	31	6.1	12.2	1.00	19	44	88
0.315	30	6.9	13.8	1.13	18	52	104
0.345	29	8.0	16.0	1.37	17	63	125
0.376	28	9.2	18.4	1.60	15	80	160
0.417	27	11.0	22.0	1.76	15	95	190
0.457	26	12.5	25.0	2.00	14	120	240
0.508	25	15.0	29.4	2.24	13	140	280
0.559	24	17.0	34.0	2.50	12	170	340
0.60	23	20.0	39.0	2.73	11	200	400

附录6　电力及照明平面图图形符号

序号	名称	图例	型号、规格、做法说明
1	变压器(双绕组)		或： 
2	变电所、配电所	规划的：	运行的： 

续表

序号	名称	图例	型号、规格、做法说明
3	杆上变电所	规划的：	运行的：
4	移动发电站	规划的：	运行的：
5	屏、台、箱、柜、一般符号		
6	电力或照明配电箱		画于墙外为明装 墙内为暗装
7	照明配电箱(屏)		画于墙外为明装 墙内为暗装
8	交流配电盘(屏)		
9	多种电源配电箱		画于墙外为明装 墙内为暗装
10	熔断器一般符号		
11	电铃		
12	防水防尘灯		
13	隔爆灯		
14	跌开式熔断器		
15	多极开关一般符号	单线表示 多线表示	

续表

序号	名称	图例	型号、规格、做法说明
16	开关一般符号	形式一 形式二	
17	断路器		
18	隔离开关		
19	三极熔断器式隔离开关		
20	负荷开关		
21	各种灯具一般符号		
22	球形灯		
23	天棚灯		
24	荧光灯		
25	弯灯		
26	壁灯		
27	在专用电路上的事故照明灯		
28	局部照明灯		
29	信号灯一般符号		

续表

序号	名称	图例	型号、规格、做法说明
30	投光灯一般符号		
31	单相插座	(1) (2) (3) (4)	(1)一般(明装) (2)密闭(防水) (3)防爆 (4)暗装
32	带保护接点的插座(1)单相插座带接地插孔(2)、(3)、(4)	(1) (2) (3) (4)	(1)带保护接点的插座 (2)密闭(防水) (3)防爆 (4)暗装
33	三相插座带接地插孔	(1) (2) (3) (4)	(1)一般(明装) (2)密闭(防水) (3)防爆 (4)暗装
34	单极开关	(1) (2) (3)	(1)明装 (2)暗装 (3)密闭(防水)
35	双极开关	(1) (2) (3)	(1)明装 (2)暗装 (3)密闭(防水)
36	拉线开关(单极)		

续表

序号	名称	图例	型号、规格、做法说明
37	双控开关(单极三线)		
38	开关一般符号		
39	风扇一般符号(示出引线)		
40	绕组间有屏蔽的双绕组单相变压器	形式一	形式二
41	自耦变压器	形式一	形式二
42	交流发电机	G	
43	交流电动机	M	
44	可拆卸的端子		
45	电钟		
46	端子板(示出带线端标记的端子板)	11 12 13 14 15 16	
47	盒(箱)一般符号		
48	连接盒或接线盒		

续表

序号	名称	图例	型号、规格、做法说明
49	配电线路一般符号		
50	架空线路，画杆时		
51	柔软导线		
52	中性线		文字符号为:N
53	保护线		文字符号为:PE
54	电缆铺砖保护		
55	滑触线		
56	接地装置(无接地极)		
57	接地装置(有接地极)		
58	电缆中间接线盒		
59	电缆穿管保护		注:可加文字符号表示其规格数量
60	配线	(1) (2) (3)	(1)向上配线 (2)向下配线 (3)垂直通过配线
61	接地一般符号		

续表

序号	名称	图例	型号、规格、做法说明
62	避雷器		
63	避雷针		
64	50V 及以下电力及照明线路		
65	控制及信号线路(电力及照明用)		
66	一般电杆	$a\frac{b}{c}$	a—编号；b—杆型；c—杆高
67	带照明灯的电杆 (1)一般画法； (2)需要表示灯具投照方向时	(1) $a\frac{b}{c}Ad$ (2) $a\frac{b}{c}Ad$	a—编号；b—杆型；c—杆高；A—连接相序；d—容量
68	带拉线电杆		
69	带撑杆电杆		
70	带高桩拉线电杆		
71	导线根数	(1) (2) (3) (4) (5) n	(1)单根 (2)2 根 (3)3 根 (4)4 根 (5)n 根

续表

序号	名称	图例	型号、规格、做法说明
72	安装或敷设标高(m)	(1) ±0.000 (2) ±0.000	(1)用于室内平面、剖面图 (2)用于总平面图上的室外地面
73	千瓦小时表	kWh	用虚线表示为表位
74	继电器、接触器和磁力启动器的线圈		
75	按钮一般符号		

附录 7 在工程平面图中标注的各种符号与代表名称

在工程平面图中标注的各种符号与代表名称 (一)

在用电设备或电动机出线口处标写格式	在电力或照明设备一般的标注方法
$\frac{a}{b}$或$\frac{a}{b}\vdots\frac{c}{d}$ a——设备编号； b——额定功率(kW)； c——路线首端熔断片或自动开关释放的电流(A)； d——标高(m)	$a\frac{b}{c}$或$a-b-c$ $a\frac{b-c}{d(e\times f)-g}$ a——设备编号； b——设备型号； c——设备功率(kW)； d——导线型号； e——导线根数； f——导线截面(mm^2)； g——导线敷设方式及部位

续表

在配电线路上的标写格式	表达线路明敷设部位的代号
$a-b(c\times d)e-f$ 末端支路只注编号时为： a——回路编号； b——导线型号； c——导线根数； d——导线截面； e——敷设方式及穿管管径； f——敷设部位	M——沿钢索敷设； AB——沿屋架或屋架下弦； AC——沿柱敷设； WS——沿墙敷设； CE——沿天棚敷设； SCE——在能进入的吊顶棚内敷设
交　流　电	对照明灯具的表达格式
$m\sim f,U$ m——相数； f——频率(Hz)； U——电压(V) 例：交流三相带中性线表示如下： 3N～50Hz，380V N——中性线	$a-b\dfrac{c\times d\times L}{e}f$ a——灯具数； b——型号或编号； c——每盏灯的灯泡数或灯管数； d——灯泡容量(W)； L——光源种类； e——安装高度(m)； f——安装方式 注：1. 安装高度：壁灯时，指灯具中心与地距离；吊灯时，为灯具底部与地距离。 2. 灯具符号内已标注编号者，不再注明型号
表达线路敷设方式的代号	表达线路暗敷设部位的代号
K——用瓷瓶或瓷珠敷设； PR——用塑制线槽敷设； PC——用硬塑制管敷设； PPC——用半硬塑制管敷设； DB——直接埋设； MT——用薄电线管敷设； FMC——用蛇皮管敷设； SC——用水煤气钢管敷设； MR——用金属线槽敷设	BC——暗设在梁内； CLC——暗设在柱内； WC——暗设在墙内； CC——暗设在屋面内或顶板内； F——暗设在地面内或地板内； ACC——暗设在不能进入的吊顶内

在工程平面图中标注的各种符号与代表名称（二）

标注照明变压器规格的格式	在电话交接箱上标写的格式
$\frac{a}{b}-c$ a——一次电压(V)； b——二次电压(V)； c——额定容量(V·A)	$\frac{a-b}{c}d$ a——编号； b——型号； c——线序； d——用户数

标注相序的代号	表达照明灯具安装方式的代号
L_1——交流系统电源第一相； L_2——交流系统电源第二相； L_3——交流系统电源第三相； U——交流系统设备端第一相； V——交流系统设备端第二相； W——交流系统设备端第三相； N——中性线	WS——自由器线吊式； WS_1——固定线吊式； WS_2——防水线吊式； WS_3——吊线器式； CS——链吊式； DS——管吊式； W——壁装式； C——吸顶式； R——嵌入式； CR——顶棚内安装； WR——墙壁内安装； S——支架上安装； CL——柱上安装； HM——座装

标注线路的代号	标写计算用的代号	在电话线路上标写的格式
PG——配电干线； LG——电力干线； MG——照明干线； PFG——配电分干线； LFG——电力分干线； MFG——照明分干线； KZ——控制线	P_N——设备容量(kW)； S——计算负荷(kW)； I_c——计算电流(A)； I_s——整定电流(A)； K_x——需要系数； $\Delta U\%$——电压损失； $\cos\varphi$——功率因数	$a-b(c\times d)e-f$ a——编号； b——型号； c——导线对数； d——导线芯径(毫米)； e——敷设方式和管径； f——敷设部位

附录8 与施工用电平面图有关的图例（参考图例）

（一）总平面图例

名称	图例	名称	图例
新设计建筑物		原有的建筑物	
计划扩建的预留地或建筑物		拆除的建筑物	
临时房屋密闭式		临时房屋敞篷式	
散状材料露天堆场		其他材料露天堆场或作业场	
铺砌场地		敞棚或敞廊	
露天桥式吊车		施工用临时道路	
桥梁		原有的道路	
计划的道路		人行道	
围墙	砖石、混凝土及金属材料的围墙 镀锌铁丝网、篱笆	铁路	
砂堆		贮罐或水塔	
烟囱		砾石、碎石堆	
钢筋堆场		脚手、模板堆场	
屋面板存放场		电话线	
现有暖气管道	═T═T═	临时暖气管道	—Z—
空压机站		临时压缩空气管道	—VS—

（二）施工机械

序号	名称	图例	序号	名称	图例
1	塔轨		13	挖土机	
2	塔吊			正铲	
				抓铲	
3	井架			拉铲	
4	门架		14	多斗挖土机	
5	卷扬机		15	推土机	
6	履带式起重机		16	铲运机	
7	汽车式起重机		17	混凝土搅拌机	
8	缆式起重机		18	灰浆搅拌机	
9	铁路式起重机		19	洗石机	
10	皮带运输机		20	打桩机	
11	外用电梯		21	水泵	
12	少先吊		22	圆锯	

（三）其　　他

序号	名称	图例	序号	名称	图例
1	脚手架		4	沥青锅	
2	壁板插放架		5	避雷针	
3	淋灰池	灰			

附录9　接地电阻测验记录（参考表）

工程名称		分项工程名称		仪表型号	
工程编号		测验日期		年　月　日	

接地名称					
接地类别	规定电阻值（Ω）	实测电阻值（Ω）	季节系数	测定结果	备　注

专业施工负责人　　　　安全员　　　　班组长

附录10　绝缘电阻测验记录（参考表）

测验日期：　　年　月

工程名称		工程编号		工作电压	220～380	评定结论
分项工程名称		图　号		仪表型号		

绝缘电阻(MΩ)												问题及处理意见
设备名称 回路编号	阻值	阻值	阻值	阻值	阻值	阻值	阻值	阻值	阻值	阻值	阻值	
相　别												
A　B												
B　C												
C　A												
B　O												
C　O												
A　地												
B　地												
C　地												
测验结果												

专业施工负责人　　　　安全员　　　　班组长

附录 11　变电所工作票

变电所工作票（第一种）

第______号

1. 工作负责人(监护人)：______班组：______

2. 工作班人员：______共______

3. 工作内容和工作地点：________________

4. 计划工作时间：自__年__月__日__时__分至__年__月__日__时__分

5. 安全措施

下列由工作票签发人填写	下列由工作许可人(值班员)填写
应拉开开关和刀闸，包括填写前已拉开开关和刀闸(注明编号)：	已拉开开关和刀闸：
应装接地线(注明确实地点)：	已装接地线(注明接地线编号和装设地点)：
应设遮栏、应挂标示牌：	已设遮栏、已挂标示牌(注明地点)：
	工作地点保留带电部分和补充安全措施：
工作票签发人签名：______ 收到工作票时间：__年__月__日__时__分 值班负责人签名：__________________	工作许可人签名：______ 值班负责人签名：______

6. 许可开始工作时间：__年__月__日__时__分

工作许可人签名：______工作负责人签名：______

7. 工作负责人变动：

8. 原工作负责人______离去，变更______为工作负责人。

变动时间：__年__月__日__时__分

工作票签发人签名：______

9. 工作票延期，有效期延长到：__年__月__日__时__分

工作负责人签名：______值班负责人签名：______

10. 工作终结：

工作人员已全部撤离，现场已清理完毕。

接地线共______组已拆除。

全部工作于__年__月__日__时__分结束。

工作负责人签名：______工作许可人签名：______值班负责人签名：______

11. 备注：

变电所工作票（第二种）

编号：______

1. 工作负责人(监护人)：______班组：______

工作班人员：__________

2. 工作任务：__________

3. 计划工作时间：自__年__月__日__时__分

至__年__月__日__时__分

4. 工作条件(停电或不停电)：_________

5. 注意事项(安全措施)：

工作票签发人签名：______

6. 许可开始工作时间：__年__月__日__时__分

工作许可人(值班员)签名：______工作负责人签名：______

7. 工作结束时间：__年__月__日__时__分

工作负责人签名：______工作许可人(值班员)签名：______

8. 备注：______

附录 12　常用电气绝缘工具试验一览表

序号	名　称	电压等级 (kV)	周　期	交流耐压 (kV)	时间 (min)	泄漏电流 (mA)	附　注
1	绝缘棒	6～10	每年一次	44	5		
		35～154		四倍相电压			
		220		三倍相电压			
2	绝缘挡板	6～10	每年一次	30	5		
		35 (20～44)		80	5		
3	绝缘罩	35 (20～44)	每年一次	80	5		
4	绝缘夹钳	35 及以下	每年一次	三倍线电压	5		
		110		260			
		220		400			
5	验电笔	6～10	每六个月一次	40	5		发光电压不高于额定电压的 25%
		20～35		105			

续表

序号	名　称	电压等级(kV)	周　期	交流耐压(kV)	时间(min)	泄漏电流(mA)	附　注
6	绝缘手套	高压	每六个月一次	8	1	≤9	
		低压		2.5		≤2.5	
7	橡胶绝缘靴	高压	每六个月一次	15	1	≤7.5	
8	核相器电阻管	6	每六个月一次	6	1	1.7～2.4	
		10		10		1.4～1.7	
9	绝缘绳	高压	每六个月一次	105/0.5m	5		

附录 13　标示牌式样

序号	名　称	悬挂处所	式样		
			尺寸(mm)	颜　色	字　样
1	禁止合闸，有人工作！	一经合闸即可送电到施工设备的开关和刀闸操作把手上	200×100和80×50	白底	红字
2	禁止合闸，线路有人工作！	线路开关和刀闸把手上	200×100和80×50	红底	白字
3	在此工作！	室外和室内工作地点或施工设备上	250×250	绿底，中有直径 210m 白圆圈	黑字，写于白圆圈中
4	止步，高压危险！	施工地点临近带电设备的遮栏上；室外工作地点的围栏上；禁止通行的过道上；高压试验地点；室外构架上；工作地点临近带电设备的横梁上	250×200	白底红边	黑字，有红色箭头
5	从此上下！	工作人员上下的铁架、梯子上	250×250	绿底，中有直径 210m 白圆圈	黑字，写于白圆圈中
6	禁止攀登，高压危险！	工作人员上下的铁架临近可能上下的另外铁架上，运行中变压器的梯子上	250×200	白底红边	黑　字

附录 14　人身与带电体之间的安全距离
(设备不停电时)

电压等级 (KV)	距　离 (m)	电压等级 (KV)	距　离 (m)
10 及以下	0.70	154	2.00
20～35	1.00	220	3.00
44	1.20	330	4.00
60～110	1.50		

参 考 文 献

[1] 中华人民共和国行业标准. 《施工现场临时用电安全技术规范》(JGJ 46—2005).
[2] 中华人民共和国行业标准.《建筑施工安全检查标准》(JGJ59—2011).
[3] 中华人民共和国国家标准.《电气装置安装工程母线装置施工及验收规范》(GB 50149—2010).
[4] 中华人民共和国行业标准.《民用建筑电气设计规范》(JGJ 16—2008).
[5] 中华人民共和国国家标准.《交流电气装置的接地设计规范》(GB/T 50065—2011).
[6] 中华人民共和国国家标准.《剩余电流动作保护装置安装和运行》(GB 13955—2005).
[7] 中华人民共和国国家标准.《供配电系统设计规范》(GB 50052—2009).
[8] 中华人民共和国国家标准.《低压配电设计规范》(GB 50054—2011).
[9] 中华人民共和国国家标准. 《20kV 及以下变电所设计规范》(GB 50053—2013).
[10] 中华人民共和国国家标准. 《建设工程施工现场供用电安全规范》(GB 50194—2014).
[11] 中华人民共和国水利电力部. 全国供用电规则，1983
[12] 中华人民共和国国务院令第 493 号.《生产安全事故报告和调查处理条例》
[13] 国务院令第 393 号《建设工程安全生产管理条例》
[14] 建筑安装工人安全技术操作规程［80］建工劳字第 24 号
[15] 中华人民共和国行业标准，《建筑机械使用安全技术规程》(JGJ 33—2012).
[16] 中华人民共和国国家标准.《塔式起重机安全规程》(GB 5144—2006).
[17] 中华人民共和国国家标准.《手持式电动工具的管理、使用、检查和维修安全技术规程》(GB 3787—2006).
[18] 中华人民共和国国家标准.《特低电压(ELV)限值》(GB/T 3805—2008).
[19] 中华人民共和国行业标准. 《龙门架及井架物料提升机安全技术规范》(JGJ 88—2010).
[20] 中华人民共和国国家标准.《起重机设计规范》(GB/T 3811—2008).
[21] 中华人民共和国国家标准.《电气安全术语》(GB/T 4776—2008).
[22] 中华人民共和国国家标准.《电气设备安全设计导则》(GB/T 25295—2010).